原発事故残留汚染の危険性

われわれの健康は守られるのか

環境学者・中部大学教授
武田邦彦

朝日新聞出版

はじめに

福島原発事故の真相、それは徐々に明らかになっていますが、この事故でもっとも危険なこと……残留放射線……については、まだその本当の陰を感じている人は多くありません。でも、この事故が日本人にもたらすもっとも大きな災厄は、「残留放射線」で汚染された日本国土とそこに住まなければならない日本人なのです。そのことについて詳しく述べていきます。

＊

第2章の最初に二〇〇八年八月に朝日新聞出版から出した『食糧がなくなる！　本当に危ない環境問題』の第4章を改訂したものを一部、載せています。これを読んでいただければわかりますが、実は、すでに二〇〇八年の段階で、「日本の原発は地震で破壊される」というのは技術的に判明していたことで、今回の福島原発の事故は、単にそれを証明したものだったのです。

ところで、福島原発の事故についてテレビの収録のときのことです。インタビューする人が、「このテレビでは、危険を煽《あお》るようなことは控えたいと思います」と発言されました。そこで私は、「私の発言は危険を煽るということも、慎重にいうということもありません。私が知り得たデータと解釈をそのままお話しします。もしマスコミのほうで調整をされるならば、それはそちらのほうでお願いをいたします」と答えたのです。

私は科学者ですから、私の発言が社会にどういう影響を与えるかということまでは正確にわかりません。私ができる唯一のことは、知っていることをそのままお話しするということなのです。

この本でも私は自分が知り得た事実とそれに対する専門家としての解釈をそのまま書いています。

この本の内容に驚かれる方もいると思いますし、危険を煽ってはいけないと感じる人、また違うご意見の方も多くおられると思います。

でも、原子力のことは、非常に重要なことなので、いろいろなデータや見方が国民に示されることが重要と考えています。

＊

＊

本書を書くにあたって、最初に私が原子力に対してどのような立場に立っているかということを申し上げておきます。

私は原子力推進派ですが、その中でも「安全な原子力推進派」です。「地震で倒れるような原発をつくったら原子力はダメになる」というのが一貫した私の持論でした。

また原子力反対派として私を分類すれば「不安全な原子力反対派」といえます。

つまり、人類が原子力というもので恩恵を受けるためには「安全であること」が大前提になると思っているのです。

わかりやすくいえば、飛行機を飛ばすときには「墜落しない飛行機」でなければならないということです。

私は「墜落しない飛行機の推進派」であり、「墜落する飛行機の反対派」でもあります。思想的には原子力が良いとか悪いとかではなく、安全であれば推進、不安全であれば反対ということです。

あまりに当然のように思いますが、私は常に日本社会では異端児と見られています。

原子力を推進する人は、原子力が少し危険でも推進しようとしておられますし、原子力に反対される方は「もともと人類は原子力をやるべきではない」というお考えを持っておられる方が多いのです。

＊

このような事情はありますが、今回の福島原発の事故は、多くの人が日本で初めて原子力というものを真正面から真剣に考える機会にもなりました。

そしてまだ一部ですが、原子力の関係者でも、良心的な人は「社会にご迷惑をかけた」と心の底から心配されている方も増えてきました。

今こそ、できるだけ正確に、冷静に、そしてできるだけ専門用語や難しい数字を使わずに、多くの人に、今回の事故が起きた原因、事故の問題点、そして今後、どのように考えるべきかの参考になるようにと願って筆を執ります。

武田邦彦

目次＊原発事故　残留汚染の危険性

第2章　そもそも何が問題なのか？

第3章　どうすれば身を守れるのか？——119

装丁　長谷川理

第1章　いったい何が起こったのか？

マグニチュード9・0の真実

二〇一一年三月一一日午後二時四六分、三陸沖を震源とした大きな地震が起こりました。最初はマグニチュード7・9とされましたが、その後、度々、訂正されて最終的にはマグニチュード9・0となりました。

かなり大型の地震ですが、三陸沖ではおよそ一〇〇年に一度程度の割合でマグニチュード8クラスの地震が起こっています。したがって、このような地震が三陸沖に発生するということ自体は、それほど珍しくはありません。

昔の地震のマグニチュードの計算は、日本の国内の揺れを参考にしています。それに対して今回の計算値が、マグニチュード7・9から9・0に上がったのは、世界各地の観測データも加味して修正したからです。

さらにいえば、従来、気象庁が出していた日本独自の「気象庁マグニチュード」（Mj）から、世界の標準的な「モーメント・マグニチュード」（Mw）に変更した最初のものでもありました。

そのために、見かけは９・０と大きくなっています。そして、その数字に私たちは驚いてしまいますが、従来の見方からいえば、最初の修正値である８・４程度の地震であったといえます。少し詳しく記録しておきますと、最初の発表は二〇一一年三月一一日でマグニチュードは７・９だったのですが、三月一三日の一五時にＮＨＫが「東北関東大震災について気象庁は観測データを詳しく分析した結果、地震の規模を示すマグニチュードを９・０に修正した」と報道しました。その前には、８・４、８・８といっていましたから、修正は三度におよんだのです。

また、この地震では多くの人が、津波に流されて甚大な被害を受けました。町全体が壊滅したところもあり、声にもならないくらいの衝撃を受けました。

でも、およそ一一〇年前の一八九六年に起こった明治三陸地震のときの津波の記録を見ますと、一五メートルから三八メートル程度ですので、今回の津波が飛び抜けて大きいということはありませんでした。

この本では事実を「過大」にも「過小」にも書かないことをモットーとしていますので、冷静に考えると、二〇一一年三月の東日本大震災の元となった地震と津波は一〇〇年に一度起こる三陸沖地震のうち、「やや大型のもの」ということができるでしょう。

まったく想定できない巨大地震とはいえないようです。

＊

さて、この本で取り上げる東京電力の福島原発というのは、第一原子力発電所と第二原子力発電所の二つがあり、地震で特に問題になったのは第一原子力発電所で、一号機から六号機まで六つの原発からなっています。

一号機は、建設されてからおおよそ四〇年ほど経っていて、電気出力は、今では小型に属する四五万キロワット程度で、それに続いて建設された二号機から五号機までが七五万キロワット級の原発になります。また六号機は一一〇万キロワット級で、さらに大型の七号機、八号機が計画されていました。

ちなみに、第二原子力発電所は、さらに最新の技術を用いて、全て一一〇万キロワットの大きな原子炉が四つあります。

なにしろ第一発電所と第二発電所の両方を合計すると二〇一四年には一二〇〇万キロワットになる予定ですから、東京電力の原子力発電所としては、新潟の柏崎刈羽原子力発電所と並ぶ大きな発電所です。

東京電力は社員約四万人という巨大会社で、東京をはじめとして関東エリアなど日本の中心部に電力を安定して供給する社会的な責任を持っています。

その中で福島原発は電力供給量の二〇％にもなるのですから、東京電力としては総力をあげて建設し、運転している発電所です。

東京電力が運転している原発は「軽水炉」といわれるもので、簡単にいえばウラン２３５という元素が核分裂したときに出る熱によって、ごくごく普通の水（軽水）のスチームをつくりタービンをまわして電気を起こすというものです。

原理は簡単ですから、誰でもその仕組みを理解することができます。

つまり、原子力というのは、
１　ウラン２３５を核爆発させ、爆発をコントロールして、熱を出す。
２　その熱を利用して水をスチームにする（普段の生活ではガスで水を沸かすようなもの）。
３　スチームでタービンをまわして電気をつくる。
という仕組みです。

「原子力は難しい」と最初から理解することを諦めている人もいますが、このように案外簡単です。

この際、原子力の仕組みをきちんと理解してしまい、今後は、危ない、いや危なくないということを自分で判断できるようにすることがよいと思います。

さらに細かく専門的にいうと、ややこしいことになりますが、ウランの代わりにプルトニウムを燃やしたり、特別の装置ではウラン238という異なったウランが燃料になったりすることもあります。

このように専門的なことを次々と持ち出すと、むしろ本質的な理解ができなくなるので、「原発とは、ウラン235が核爆発して、その熱で水をスチームにし、そのスチームでタービンをまわして電気を起こす」と、簡単に考えてもらってまったく問題はありません。

なぜ事故が起こったかを考える準備が整ったと思います。

崩壊したのは地震が巨大だったからではない

まず、今度の地震は、確かに規模は大きいのですが、福島原発のある場所では震度6強でした。地震の規模が大きくても、たとえば地球の裏側で起こればほとんど揺れません。それと同じように福島原発は震度6という普通の揺れで壊れたのです。

というのも震度6の地震は、日本ではそれほど珍しくないからです。具体的にいうと、この一〇年の間、日本で起きた震度6以上の地震は次の通りです。

――芸予地震、三陸南地震、宮城県北部地震、十勝沖地震、新潟県中越地震、留萌支庁南部地震、福岡県西方沖地震、宮城県南部地震、能登半島地震、新潟県中越沖地震、岩手・宮城内陸地震、岩手県沿岸北部地震

この問題は第2章で詳しく整理していきますが、右が示すように、今度の福島原発事故の問題は、「地震が巨大だったから」ということではないことがわかります。

まず、このことをしっかり理解しておかないと、今回の原発事故を正しく判断することはできません。

地震の規模自体は、かなり大きかったのですが、地震の規模が大きいからといって原発が立っているところの揺れが大きかったかとは別の問題です。

でも、「日本の原発が震度6で壊れる」という事実は多くの人にとって、とても理解できることではないので、「まさか地震で原発が倒れるはずがない」という先入観がなかなか頭から離れない人もおられるようです。

また福島原発は太平洋に面してつくられていますので、今回の地震でも津波の被害があ

りました。最初は福島原発が地震で壊れたと報道されましたが、その後で実は地震ではなく津波で破壊されたと指摘する専門家も現れました。

このことは、今後、福島原発の破壊の細かい経過がわかってくるはずですが、実は原発破壊の原因が、地震でも津波でもそれほど、ものの本質に違いはありません。

地震で原発が破壊されるもっとも大きな原因は「揺れ（加速度）」ですが、海岸線に原発を建てるときは津波による影響も当然、計算に入れておかなければなりません。

今回、福島原発のところにどのくらい大きな津波が来たか、破壊力はどうだったかについてはまだ詳細な研究結果が出ていません。

ただ、壊滅した三陸の町とは違い、福島県では津波の高さは約一〇メートルでした。また福島原発の近くにある民家の破壊の様子を見ていますと、コンクリートの建物は破壊されておらず、木造の二階建ても内部は破壊されていても建物自体は倒壊していないものも多かったのです。

つまり震度6という揺れにしても、一〇メートルの津波にしても、安全と信じられてきた原子力発電所が簡単に破壊されるレベルのものでなかったことは確かです。

結局、福島原発の事故は、

1　地震が巨大だったからでもなく、
2　津波が異常だったのでもなく、
福島原発の場所では地震も津波も普通のものだったのに、壊れたということです。

地震の一時間後に電源が止まった福島原発

福島原発では、最初の揺れの衝撃で、かなりの部分が傷み、地震の一時間後には全ての電源が止まった可能性があります。

しかし、地震発生から一時間の間は、まだ電気が使えたので、核爆発を止める役目を果たす制御棒は、圧力容器の下から中に押し込むことができたのではないかと思います。

制御棒については後で詳しくその役割を説明しますが、制御棒が入ったことによって、連続的なウラン235の分裂は止まりました。

原子炉の熱は、ウラン235の核爆発で発生するものですから、制御棒が入り核爆発が止まれば、そこで一応の危機は脱したと考えられるからです。

原発はなにしろ核爆発をコントロールしているわけですから、非常時でも、安全であるようにいろいろな仕組みをつくってあります。

たとえばポンプが壊れたら予備のポンプがあるとか、一つの系列がダメならば他の系列を使えるとか、本来、相当の安全を期するようになっています。

さらに「電源も使えなくなったときどうするか」という安全装置として、緊急に原子炉を冷やす装置を持っています。

専門的には「緊急炉心冷却装置」という名前がついていますが、それは、たとえ全ての電気が切れても、自分自身の熱でスチームをつくってポンプをまわし、原子炉の熱を冷却できるという優《すぐ》れものです。

しかし、今回の福島原発の場合には、この緊急炉心冷却装置も破壊されたようです。

日本で、この緊急炉心冷却装置が働くまでにいたった事故例は、その長い歴史の中で、たった一度しかありませんでした。

一九九一年、関西電力の美浜原発（福井県）で事故が起こり、パイプが破断して水が不足したために、この緊急炉心冷却装置が働いたのです。

「いざというときに原子炉の安全を守る装置」がきちんと作動したので、良かったといえばいえるのですが、やはり、そのことよりも「最終的な安全装置が必要になった」という事実のほうにゾッとする恐怖を覚えます。このことは社会的に大きな問題になりました。ちょうど双発（エンジンが二つ）の飛行機に乗っていたら、エンジンの一つが壊れて、たった一つのエンジンで長い時間、飛んだと同じことですから、ヒヤヒヤものです。

それに対して今度の福島原発では、この緊急炉心冷却装置という最後の砦《とりで》が働かなかったのです。

「絶対に働くはずの装置が壊れた」原因はいったいなんだったのでしょうか。

地震の揺れと津波によって、全ての電源系統が破壊され、海水をかぶり、それによってポンプやその他の電気機器を動かす元になる「制御系」が壊れたからでしょう。

そのとき運転員が行ったこと

地震が起きたとき、福島第一原発の原子炉である一号機、二号機、三号機は運転中で、四号機、五号機、六号機は定期検査中で止まっていました。

したがって地震が起きて電源が落ちるまでの一時間に、運転員は、まず制御棒を入れて核爆発を止め、必死になって原子炉で起こる核反応を安定に止める操作をしていたと思われます。

そのとき、つまり地震の一時間後に、全ての電源が落ち、緊急炉心冷却装置が働かなくなって、原子炉は水が循環しない状態で止まったのです。

また四号機は、原子炉からウラン２３５の燃料棒が取り出されていて、同じ建物の中にあるプールの中で冷やされていました。運転中の燃料は、核爆発してできた放射性物質を多く含みますから、その崩壊熱で熱くなりますので、冷却用のプールに入れて冷やしていたのです。

もっとも原子力発電所の燃料はウラン２３５ですから、燃やしている途中や燃やし終わった燃料棒等はあちこちに保管されています。安定して運転するためには燃料棒の予備や使いかけの燃料棒がなければならないからです。

いずれにしても地震が起こってから一時間ぐらい経ったときに、ある配管は破損して、そこから水がこぼれ出すなど、作業員はその回復作業に右往左往していたと考えられます。

津波が来たのがどのタイミングであるか判断が難しいのですが、現在まで公開された資料を見てみますと、津波が来る寸前に電源の全ては落ちていたように考えられます。

そのために有効な手段が取れない状態の中、津波がやって来ます。津波の大きさは三陸のような大きな津波ではありませんでしたが、いずれにしても津波に対してあまり防御策を講じていなかった福島原発は、重要な機器が海水に浸かってしまったのです。

今回の事故の責任を回避しようとする意図ではないと思いますが、政府およびＮＨＫ等は、報道の途中から「地震によって」という表現を「津波によって」という表現に変更していました。

地震でも津波でも基本的には耐震防御ですから同じことなので、このような小細工をすることが事態を複雑にし、解決を遅くしました。その意味では、途中から「津波のため」と言い直したメディアは大きな責任があったといえるでしょう。

致命的だった「制御系」の破壊

ところで、津波によって電気系統のほとんどが、最終的に完全に破壊されたと考えられます。特に著者が致命的だったと思うのは「制御系」が破壊されたことです。

「制御系」というと少し難しい表現ですが、原子炉をコントロールする頭脳の部分です。「制御系」では、配電盤、パネル、そして細い電線などでできていて、海水をかぶったらそれでダメになります。

いずれにしても、「電源」と「制御系」を失い、部分的に水を循環するパイプに亀裂が入った状態になりましたから、その時点で福島原発はどうにもならない状態になったと思われます。

ただ、原発は非常に大きいので、どこかが損傷したからといってただちにその影響が表面に現れるわけではありません。

少し脱線しますが、物理的には時間というのは、大きさに関係します。たとえば動物のゾウがゆっくりと動いているのにネズミは非常に細かく速い動きをします。これは基本的にはゾウのほうがネズミよりものすごく大きな体をしているので、その寸法のルート（平方根）に比例して速度が遅くなるということです。

このことも今回の原発事故で多くの人を混乱させている要因の一つといっていいでしょう。

つまり人間の大きさの感覚では、起こるべきことは次々と連続的に起こるはずだと考えますが、原発は非常に大きいので、一度に破壊されず、少しずつ事態が変化していったのです。

福島第一原発の第一号機の爆発に始まり、第三号機、第二号機と徐々にその破壊が広がっていった経過は多くの雑誌やネットに出ていますので、ここでは細かい経過には触れずに本質的に起こったことを示したいと思います。

「核爆発」を「臨界事故」と言い換えた罪

地震等で原子炉が破壊されたときに、その次に起こる大規模な崩壊の原因になるのは、第一に核爆発、第二に崩壊熱です。

原因はこの二つしかありません。まず核爆発から説明をしていきます。

ウランには質量数が２３５のものと２３８のものがありますが、ウラン２３８は特殊な装置でないと燃えません。

一方、ウラン２３５が核爆発すると膨大な熱が出ます。一番、極端な例が原子爆弾です。ウラン２３５が核爆発するとどのくらいひどいことになるのかというのは、この原子爆弾を考えてもらえばわかると思います。

原子爆弾は金属ウランでできていて、純度も九〇％以上です。これに対して原発で使用されるウランも金属ですが、他の物質と組み合わさっていて、また純度は三%から五%ぐらいと低いものが使用されています。

　でも原発でも核爆発するのは同じことです。もともと原発は基本的には原子爆弾と同じ理屈です。ウラン235が連鎖的に分裂して爆発するのですが、少しずつ爆発させることによって発電をしているのです。

　たとえば、ガソリンも量が多いと大爆発をしますが、エンジンの中で少しずつ爆発させれば自動車を動かすことができます。自動車のエンジンというのは、小さいものですが、その中でガソリンは爆発しているのです。

　つまり少しずつ爆発させれば役に立つけれども、一度に爆発すると大きな災害になるのです。このことはガソリンでもウラン235でもまったく同じです。

　また日本では過去に茨城県の東海村で「臨界事故」というのがありましたが、これは発電に使うウラン235つまり純度の低いウラン235が水に溶けていてそれが核爆発したものです。

　その点では「臨界事故」といっていますが、わかりやすくいえば「核爆発事故」だったわけです。

先ほど、自動車の例を出しましたが、ガソリンの場合、ガソリンが燃える条件になるところを「爆発限界」といいます。つまり燃えるということは爆発と同じです。だから原子炉の場合も核爆発といったほうが正確なのです。

ところが、原子力には強力な反対派がいます。この反対を避けるために言葉をいろいろ選んでなんとなく安全なように見せかけることが行われてきました。

「核爆発」と「臨界事故」も別々の言葉を使っているので、あたかも違う種類のものであるように思えます。このような「言い換え」を長くしていましたから、原子力発電所に従事している人ですら、「核爆発と臨界事故は違う」と錯覚している人がいるくらいです。

福島原発が地震で壊れた後、核爆発を起こすかどうかというのがもっとも大きな問題です。

普通には、核爆発を停止させるために地震後、ただちに制御棒を入れますので、核爆発は起こりません。また水というのは温度が上がれば中性子をより吸収するので、これも核爆発を起こさない方向に行きます。

したがって、地震が起こって原子炉が停止した後、制御棒が順調に差し入れられれば、核爆発のおそれがないと考えなければなりません。

著者も当初そのように思っていましたが、地震の二日後ぐらいから東京電力はホウ素を投入し始めました。

ホウ素というのは制御棒と同じで、核爆発を阻害するものですから、「ホウ素を使う＝核爆発するおそれがある」ということを意味します。

ところが、発表を聞いていますと、ホウ素は使っているのに「核爆発の心配はない。熱が出ているのは崩壊熱だけだ」と強調していました。ホウ素は、崩壊熱とまったく関係がありません。ウラン２３５を核分裂させる中性子を吸収して、核分裂を止めるためのものです。ですから、この政府の説明は、科学的にはまったく矛盾していたのです。

このようにいろいろな矛盾がありますが、ただ地震で破壊された福島原発で核爆発が起こる可能性は少ないと思います。少なくとも発表されている破壊状況からいえば、核爆発はしないと考えられます。

核爆発は、崩壊熱どころではありませんので、付近住民は相当広範囲に退避しなければいけませんし、福島原発は大きな原発ですから、チェルノブイリや広島の原爆よりも多くの放射性物質が撒《ま》き散らされます。だから、大変なことになります。

いずれにしても、政府は、国民のことを考えて、なぜホウ素を投入したのかということをもう少し丁寧に説明しなければならなかったでしょう。

崩壊熱による本当の被害

二番目は崩壊熱による被害です。

ウランが核分裂するとヨウ素、ストロンチウム、バリウム、セリウム等の元素ができます。

「錬金術」という言葉を聞いたことがある人が多いと思いますが、かつて科学が発達してないときに、石ころなどをなんとかして「金」に変えられないかという研究が多く行われました。これを「錬金術」といいます。近代科学が発達してしばらくの間、キュリー夫人によって原子力が発見されるまで、「錬金術などあるはずはない」といわれました。

ところが核反応というのが見つかってみると、ウランが他の元素に変わることがわかったのです。そして今では元素同士を変えることも可能になりました。

事実、軽水炉ではウランから白金族元素が多くできます。だから軽水炉はウランから白金をつくっているともいえるのです。今から考えると、当時あれほどバカにされた錬金術はある意味で本当だったのです。

しかし核爆発でできる元素の多くは非常に不安定ですぐ崩壊します。その崩壊のときに多くの熱を出しますが、これを「崩壊熱」といいます。

核爆発に比べれば崩壊熱は小さいのですが、それでも結構な熱量で、現実に原子炉が核分裂しているときの一〇分の一ぐらいです。

だからもし核爆発が止まっても、原子炉を冷却しなければ水の温度はどんどん上がり、沸騰することになります。

水が沸騰すると危険なことが二つ起こります。

まず一つは、水が沸騰して燃料を冷やすことができなくなり、むき出しの燃料の温度がさらに上がり、水と反応して水素が出ます。水素はガスですから圧力容器の圧力がどんどん上がります。そうすると圧力容器が破裂するので、水素を外に出します。続いて、今度は水素が空気中の酸素と反応して爆発をするという順序になります。

これが原子炉の水素爆発です。

福島原発の事故では一号機と三号機が水素爆発し、建物が壊れました。

この原因は簡単なことですから理解をしておいたほうがよいと思います。

つまり原子炉が停止し、しかも熱を冷却できない状態になると、崩壊熱でどんどん温度が上がり、水が蒸発していきます。そうすると燃料の上部が空《から》だきになり、そこで水と燃料棒の材料が反応して水素ができます。その水素が、圧力容器の外に出て、空気中の酸素と混じって爆発するという簡単なことが起こるのです。

原子炉では、水の循環ができなくなったときに水素ができるのは仕方がないので、装置が動いているときには水素を処理できるようになっています。でも装置が動かなければ建物が吹き飛びます。

そのときに頑丈な建物全体が爆発すると大変なことになるので、屋根のほうを弱くしておきます。このような設計は原子炉の建物ばかりでなく、爆発する可能性のある建物は、ある場所に「抜ける場所」をつくっておきます。

だから福島原発でも一号機も三号機も屋根が吹き飛んだというわけです。

水蒸気爆発の危険性

これに対して水蒸気爆発というものもあります。

水蒸気爆発は、熱いものに水をかけるとそれが急にガス（水蒸気）になり、急に体積が増えて圧力が上がり爆発するというケースです。

原子炉の場合、密閉された炉の中に灼熱した燃料棒があるとします。そこに水が大量に投入されると、たちまち蒸発し、圧力が上がって爆発するということです。

核爆発は核分裂反応で、水素爆発は化学反応です。一方、水蒸気爆発は、単に水が蒸発することによって破裂するので、それほど強力なものではないように思いますが、実は水蒸気爆発というのは規模が大きくなることがあります。

原子炉が水蒸気爆発をするようなことがあれば原子炉自体が飛び散ってしまいますのでとても危険なことになります。

以上のことからわかるのは、もっとも危険なのが福島原発で核爆発が起こるということです。それによって大量の熱と大量の放射性物質が発生します。しかしこれはもともと燃料が、核爆発が起きる形になる可能性が低いことと、ホウ素を投入することができたとすれば、その可能性は低いといえます。

次に水素爆発ですが、これはすでに、第一号機と第三号機で経験ずみですので、おおよその様子はわかります。

わからないのが、水蒸気爆発と、さらには一般に「メルトダウン」という言葉が使われますが、燃料が溶けて固まったときに、どういうことが起こるかということです。

これについてはすでにスリーマイル島の例があるのですが、必ずしも今回と条件が同じではありません。スリーマイル島のときは燃料棒が固まってある程度の放射性物質が出たのですが、それは大したことではありませんでした。

今回は核燃料の量が非常に多いということもあり、どのようなことが起こるかはまだはっきりしていません。

安全なはずの福島原発はなぜ爆発したか

ここまで福島原発の事故と今後に起こる可能性を順序を追って説明をしてきましたが、ひとつ腑《ふ》に落ちないところがあります。

それは、「なぜ、事故を起こしたのか？」という疑問です。

事故を起こしたのだから今さらそんなことをいっても仕方ないじゃないかと思うでしょ

うが、本来、原発は絶対に事故は起こらなかったはずです。つまり絶対に事故を起こさないということと現実に事故が起こったという事実はどういう関係があるかということです。

この問題を、責任とかそういう議論ではなく、技術的に考えてみます。

非常に複雑なように見える福島原発の事故を整理してみると単純な経過が見えてきます。

1　全ての電源が止まった理由

地震の約一時間後、福島原発の全電源が止まっています。

原発は安全なのですから、全ての電源が止まることはないのです。

それがなぜ止まったのでしょうか？

電源は次のような経緯をたどって止まったはずです。
（1）いつも使っている普段の電気が止まる。
（2）故障したとき用の同じ系列の予備の電気が止まる。
（3）非常用に準備してあった「生命線」ともいうべきディーゼル発電機が動かない。この発電機は大型で「据え付け型」だった。それで発電所の一三機全てが止まった。

（４）生命線のディーゼル発電機のさらにバックアップとして移動式ディーゼル発電機があったが「プラグ」が合わなかった。
（５）最後の電源が、バッテリだったが八時間で切れた。
このように形式的には五重の電源システムを持っていました。
しかし個々の事象をよくよく考えてみると実際には二重だったのです。
つまり、右のことを説明しますとこうなります。
（２）は、いつもと同じ電源を使った予備系統はいつも使う電源が壊れればもちろん同じ理屈で壊れます。このシステムは地震などに備えるというより、普通に起こる電気機器の故障に備えたものですので、今回の場合は関係がありません。
次に（４）の移動式ディーゼル発電機のプラグが合わなかったのはお粗末ですが、最初から予備として期待していなかったことを示します。なぜなら、一度でも「事故の訓練」をしていればプラグが合わないことなど容易に気がつくことだからです。

さらに（５）のバッテリですが、もし本当に非常用なら「炉を冷やす時間だけもつ」ことが前提になります。非常用に用意しているのに、時間的にもたないのは、もともと非常用とはいえないからです。つまり、バッテリは形だけバックアップといっているけれど、

「一部のバックアップ」にしかならないものだったのです。

このように整理してみますと、福島原発の電源系は、（1）のいつも使っている電気と、（3）の非常用のディーゼル発電機の二重の防御システムだったということがわかります。

ところが、この非常用のディーゼル発電機すら「非常用」ではなかったのです。

なぜならそれは、「同じような安全設計のものを、同じ敷地の中に置いた」からです。

いつもの電源が落ちるような状況になれば、同じ耐震設計であるディーゼル発電機も、同じようにやられるのは当然です。

つまり、もし非常用というなら、機械が故障したときばかりではなく、津波や爆撃などにあったときのことを考え、ディーゼル発電機は、たとえば三キロぐらい離れた「小高い丘」の上に格納しておくようなことが必要だったのです。

津波が来るから「小高い丘」というわけではありません。地下でも小高い丘でもいいのです。

とにかく発電所と違う環境に置くか、耐震設計を変えないと意味がないのです。

原発が敵国の航空機に攻撃されたとします。敵国の航空機を非難しても仕方ありません。とにかく国民の安全のために、緊急に原子炉を停止しなければいけません。そのときに冷却のためのディーゼル発電機を動かすには原発から遠く離れたところに置き、そこからケーブルを敷けばいいのです。

津波が来るか、空からの攻撃を受けるかはわかりませんから、小高い丘と地下に一つずつディーゼル発電機を置けば相当、「想定外」の危険に対応できるでしょう。

ディーゼル発電機は「電気機器の故障に対して非常用の発電」という意味はあったのですが、地震や津波や爆撃というような外部からの破壊では本体と同じように破壊されるような設計だったのです。

「通常予備」、「プラグの合わない移動式ディーゼル発電機」、「冷却時間と合っていないバッテリ」は「無いも同然」なのですが、このようなものがあるとかえって「バックアップがある」という錯覚をしてしまうので、「無いより悪い」という状態だったのです。

この機能を経済産業省の原子力安全・保安院（以下、単に保安院と呼ぶ）なら原発は「五重の電源で守られている」といいそうです。しかし、現実には、二重でしかなかった。「形が整っていれば、実際にそれが機能するかどうかは、実はどうでもよい」というお役人の考えそうなことなのです。

地元の住民は、「五重の防御」という言葉に騙され、このぐらい守られていれば大丈夫だろうと安心したはずですが、実は二重だったのです。

それも同じ場所にあり、同じ耐震設計（基本的に。詳しくは第2章で説明します）でした。ですので、さらに厳しくいえば、これは「バックアップでもなんでもない」といっても過言ではありません。

なぜこのような杜撰《ずさん》な原発がつくられたのでしょうか。

その根本は、著者が出席していた原子力安全委員会の耐震指針の考え方が「原発は地震で破壊する」という内容だからなのです。

それを保安院が継承し、おそらくは東京電力は危ないと思っていたかもしれないけれど、許認可権などの問題で暗黙のうちに従っていたのでしょう。

2　冷却系も同様にダメになった理由

事故が起こったとき、原子炉の安全を確保するには、第一に核爆発を止めることです。これは制御棒が働きました。

次に、崩壊熱で温度が高くなる燃料を冷やすことで安全は確保されます。

そこで原子炉や燃料貯蔵を冷やす水の循環システムも三重のバックアップ体制になっていました。

第一は普通の冷却系で、これはポンプで水をまわし、原子炉内で沸騰させてタービンにまわすものです。

原子炉で沸騰した水を直接、タービンにまわすと少し危ないということで、福島原発とはちょっと違う「加圧水型」というのもあります。

それはともかく、普段使っている冷却装置が壊れると、予備の冷却装置が働きます。しかし、これにしても先ほどの電源と同じで、基本的には同じ建物の中に、同じような装置が置いてあるので、「機械の故障」のときには役立ちますが、地震、津波、爆撃などでは、一緒に破壊されてしまうことになるのです。

そして、この二つが破壊されたときには緊急炉心冷却装置が働くことになっています。

それが今回、働きませんでした。どうしてでしょうか。

これは非常用のディーゼル発電機でポンプを動かし、それで冷却水を循環させることになっていました。つまり、前述したようにその基本となるディーゼル発電機そのものがダメになっていたので、「最後の砦で、絶対に使うことができる」といわれた緊急炉心冷却装置が働かなかったのです。

福島原発は「まったく異なる思想の冷却システム」……たとえば建物の上からホースで冷却水を流し込むというような非常用冷却装置はなかったのです。

事故が起きてから、消防車が海水をくみ上げて必死に炉を冷やそうとしましたが、このような「まったく別の考えの冷却装置」は持ってなかったのです。

つまり、三重に見えた冷却系は実は一重だったのです。

「電源が切れたら全ては終わり」という構造的欠陥

少しダブりますが、福島原発の設計上の問題を「冷却と電源」の組み合わせの問題として取り上げてみます。

福島原発の事故は工学的な安全設計として、「電源が切れたら全てが終わり」であったということです。

通常運転の場合の冷却は、ポンプで行うしかできませんから、それは当たり前ですが、通常の冷却系（電気、ポンプ、バルブ、配管からなる）が止まると、今度は緊急炉心冷却装置が働くわけですが、これがまた（電気、ポンプ、バルブ、配管）からできているという変なことになっていたわけです。

したがって地震や津波のようなことが起こると、通常の冷却も止まってしまうし、緊急炉心冷却装置も止まってしまうという設計だったのです。

私は、このようなエンジニアリングの設計を指揮した経験を多く持っていますが、設計エンジニアの陥りやすいところです。

設計を担当するエンジニアは精密で論理的に詰めていきます。だからこそ良いものができるのですが、多くの場合、部分的には抜かりなく、しかも最適になっているけれども、全体的に見れば「抜けたところ」があるというようなことになりがちなのです。

著者の経験では、そのようなときに若いエンジニアに「これじゃダメじゃないの」ときっちりいえる経験がある年配の人とチームを組ませるとうまくいきます。

福島原発の場合には、そのような人がいて「これじゃあ、電気とポンプ、バルブ、配管だから非常用と普通のときとまったく同じじゃないか」と指摘したらよかったわけです。

通常の冷却装置がポンプで水をまわすなら、緊急炉心冷却装置は、大きなタンクを原子炉の上に置いてそこから水を流すといった別の方法が必要だからです。

このような方法は水の量からいって不適切かもしれません。しかし不適切であるからといって安全でないことはないのです。また、「水で冷やす」ということから離れて、別の物質を使うという方法も世界では行われています。

つまり、一歩下がって考える必要があったのでしょう。

屋根が飛んだのは必然だった

原発の安全性を守るには、第一に核爆発を防ぐために制御棒やホウ素を使うこと。

第二に燃料棒を冷やすこと。

そして第三に強い放射線を持つ核分裂生成物を発電所の中から外に出さないということが大切です。

これを「閉じ込める」といっています。

福島原発の事故では、核爆発を防ぐことはできましたが、冷却に失敗しました。

つまり第一段は成功したが、第二段の防御に失敗したということです。しかし冷却に失敗しても、核分裂生成物が発電所の外に出ることを防ぐことはできたのです。

なぜ、それができなかったのかを最後に整理しておきます。

原発は、一番内側に原子炉の圧力容器、その外側に格納容器、さらに外側に建物という順序に三重に防御されています。というより防御されているように見えるといったほうがいいかもしれません。

冷却が失敗して原子炉内の水が沸騰し、それがどんどん圧力容器の中にたまると、圧力が上がってきます。圧力容器といっても無限に圧力に耐えられるわけではありません。耐えられる圧力の限界に達したら、圧力容器の中のガスを放出しなければなりません。

装置が壊れていなければ、出てくる水蒸気や燃料棒と反応してできる水素を配管で外側に移し、そこで処理をすることができます。

しかし、もともとそんなことができるのならば同じように冷却もできるのですから、原子炉の圧力が上がるはずもないのです。

たとえば、原子炉の中で発生したガスをコントロールしながら外部の反応器に送ってそこで処理をするためには、電気、パイプ、バルブなど冷却系が破壊された条件では動かないのです。

奇妙なことですが、非常時に原子炉の圧力を減らすためには、非常時にならないときの冷却系が動いているような条件でなければいけないので、結局、福島原発でも機能しませんでした。

ディーゼル発電機が動かなかったこととまったく同じで、何かの原因で冷却系が動かなくなると、同じ原因でディーゼル発電機も圧力を逃す装置もダメになる設計だったわけです。

圧力を逃すことができなかったので、圧力容器内のガスを格納容器に移しました。格納容器はこれも密閉になっていますので、圧力容器からどんどんガスがくれば、今度は格納容器の圧力が上がります。

格納容器も圧力に耐えられるようにはなっているものの、無限の圧力には耐えられませんので、結局、ガスを格納容器から原子炉建屋の中に放出しなければなりません。

かくして、原子炉内の水素ガスは、圧力容器から格納容器に移され、さらに格納容器から普通の空気がある建屋の中に移されたのです。

水素はきわめて爆発しやすいものですから、建物の中の空気中の酸素と反応して爆発したのです。

こうしてみると、福島原発の一号機と三号機がともに水素爆発して屋根が飛んだのは、別段、意外なことでもなんでもなく、最初からそのように設計されていたということがいえます。

「運転のミス」ではなく「設備のミス」

非常用の冷却系統にしても、圧力の逃し方にしても、多重に防御されているように見えて、実は一つ壊れるとすべてダメになるという設計になっていたのはなぜでしょうか。

これはこの本で再々にわたって出てくることですが、実は「原発が地震で破壊される」という思想によっているからです。

どうして、そんなことになっているの？　とビックリされると思いますが、それは第2章で詳しく整理するとして、ここではその準備として二、三のことを書いておきたいと思います。

事故後のテレビを見ていると東京電力はときどき、テレビに登場して「ご迷惑をおかけした」と深々と頭を下げています。また菅首相も東京電力の対応が悪いと言って怒鳴ったと報道されていました。

しかし本当に東京電力にだけ責任があるのでしょうか？

ここまで整理してきたように、事故をつぶさに整理すると、福島原発の事故が「運転の問題」であれば東京電力の責任です。これまでの原発の大きな事故としてスリーマイル島とチェルノブイリが知られていますが、二つともどちらかというと、運転のミスによって起こった事故でした。

しかし今回は、東京電力の「運転」にミスがあったようには見えません。むしろ地震後の核爆発の停止やその後の処理は日本人の技術者らしく、かなり適切に行われたと考えられます。

そうなると、事故は「運転」ではなく「設備」そのものの問題であるということになります。設備も東京電力の保有であるので、その場合も事故の責任は当然のことながら東京電力のように思います。

しかし著者は、長い間、原子力の関係の仕事をしていましたが、原子力というのは自分の思う通りに設備をつくるわけにはいきません。

設計をすると、その審査を国がやります。なぜ国がやるかというと、少なくとも建前は「国民に代わって国が責任を持って安全を守る」ということになっているからです。

今回の事故は、地震と津波に対する設計が悪かったわけですから、設備の問題です。そして設備の問題といってもそれは施工の問題ではなく設計そのものの問題だったのです。もし原発をつくるとき建設会社が手抜き工事をしたとか、電気機器を納めた会社の機器が欠陥商品であったというなら、その会社の責任ですが、現在の状況から判断すると明らかに設計の問題がもっとも大きな原因になっています。

これが原子力発電所ではなくて普通の設備ならば、国が監督していても実際につくって運転する会社の責任になります。しかし原子力発電所では何から何まで国の許可を得なければなりません。

もちろん複雑な装置ですから、その認可を受ける過程では、「これはダメ、あれはダメ」といわれるのです。その中には設計者が「これでは危ない」と思っても国のほうで許可してくれなければ実現しないことも多々あります。

ところが、その国の担当者は、実は原発について経験もなく何も知らないということすらあるのです。

さらに、プラントを設計するには前にも述べたように基本的に、圧倒的に高い技術と長い経験が必要です。それなのに国の役人は大学を出るときに上級公務員試験を通り、その後、無事に役所仕事をやってきたという人間にすぎません。

そのような人が決定権を持つということはきわめて異常なことで、ダメな原子力発電所ができるのもしごく当然なことなのです。

現実には、経済産業省の保安院が、設計された図面を詳細にチェックし、運転方法を聞いて指導をします。この指導というのはかなり細かいところまで指導されます。たとえばそこに配管を行ってはダメだとかあそこにディーゼル発電機を置きなさいというようなことを指導するのです。

つまり、東京電力は会社として責任を持って福島原発を運転しなければならないので、その責任はありますが、設備の責任は第一に保安院にあるといってもいいでしょう。

特に、国民に被害がおよぶという点では保安院に、経済的な損害を被《こうむ》るという意味では東京電力が分担するのが建前です。このように考えると福島原発の事故に対する国の責任はきわめて大きいということがわかります。

ところが事故が起こって保安院の役人がテレビに登場してきたときに、多くの国民は大きな違和感を覚えたはずです。

それは「こんな非常時に」保安院の役人が威張《いば》っていることです。原発担当の役人ですから、現実に原発が破壊されて、そこから放射線が出ているわけですから、何をさしおいても第一に謝らなければいけないのに決まっています。

でも、逆にいえば、保安院がなぜ頭を下げないのかということが、今回、なぜ福島原発で事故が起きたか、その原因を解く一つの大きな鍵になるのです。

事故が起こって保安院の役人が謝らないということは、その役人が自分の責任ではないと思っているからなのです。

このことが設計や運転の段階で事態を大変に混乱させます。原発の設計や建設、そして運転はきわめてまじめなものですから、その部隊の中に責任は持たないけれども、口は出すし、権限もあるという人がいたら、どういうことになるか容易に想像がつきます。

難しい局面で、その人のいうことが正しいかどうかは、その人が最終的な責任を感じているかどうかで決まります。よく「新入社員が無茶苦茶なことをいう」と苦情をいう人がいますが、それは新入社員が責任を持たずに口だけ出すから違和感を覚えるのです。

福島原発という非常に難しい設備で、それが破壊されると多くの国民が被害を受けるのに、まるで新入社員のような無責任なお役人が、原発の運転を一度も経験したことがないのに口を出しているというのが、わが国の原子力発電所の現実なのです。

このことを第2章で深く考えてみたいと思います。

基本的な原子力用語をわかりやすく使う義務

福島原発事故の問題を一般の人も参加して深く考えてもらうためには、これまで原子力の業界で専門的に用いられていた専門用語をできるだけ少なく使う必要があります。でも専門の方から見ると、そのようにすると用語の使い方が雑に感じられて、それが本質とは離れた議論を呼び「武田は間違っている」など、あらぬ方向に議論がいってしまいます。

そこで、本来は枝葉末節のことですが、用語について少し解説を加えておきます。まず、私は従来から学問的に言われてきた「核反応、核分裂、臨界、核爆発」を全て「核爆発」に統一しています。したがって放射線や熱に晒《さら》されるという意味の「被ばく(曝)」と、爆弾に遭うという「被爆」もあまり区別をしていません。

原子力には、核融合、核分裂の区別がありますが、福島原発の事故の間は、混乱しないために核分裂だけを考えなければなりません。

核分裂を利用して熱を取り出したり、事故になったりするときには、常に「核爆発」です。つまり、ウラン２３５が核分裂して二、四個の中性子を出し、それが続くことですから、状態は一種類です。核分裂自体は一つのウラン原子が分裂するだけですから、学問的にはいろいろあっても、社会的な意味はありません。

だから、核爆発だけが問題ですが、場合によってその大きさと速度が違います。

まず、「原爆」は巨大で超高速です。それに対して「原発」は巨大ですが、爆発がコントロールされています。つまり巨大ですが低速です。さらによく「臨界事故」といわれるものは、「小さく高速」なのです。いずれも核爆発には違いがありません。

したがって、原爆も原発も臨界事故も全て「核爆発」であり「被爆」でよいのです。

そして、核爆発で出るものは、「熱」と「分解生成物」です。これも、核爆弾、臨界、核分裂のどれも同じですから、わかりやすいと思います。

ところで、核爆発を起こすウラン２３５の純度が低いものは核爆発しないという錯覚が日本では行きわたっています。その錯覚が一九九九年、茨城県東海村のＪＣＯ事故で二人の命を奪ったことになったのです。間違いをいっては人の命に関わります。

ウラン２３５の純度が低いと核爆発しないといっているのは、第二次世界大戦後のいろいろな経験からいっているにすぎません。

第二次世界大戦中のアメリカの初期の研究を見ますと、純度の低いウラン235が溶液中で核爆発をした例がかなりの数にのぼっています。それらの論文は、難しい英語であるということと入手がなかなか困難であるということから、日本でこの方面に詳しい人はほとんどいません。私はたまたまウラン235の溶液を研究していた関係で知っています。

また、今まで原子力分野では、「核爆発」という言葉が、刺激が強いからと避けてきましたが、やはり真正面から「原発は核爆発なのだ」、「東海の臨界事故は核爆発なのだ」と表現したほうがいいと思います。

＊

もう一つは、放射能、放射線、放射性物質などの呼び方です。

これも本来は厳密に区別して使用すべきものなのですが、私は故意にあまり区別していません。できるだけ「放射線」という言い方をして、なんとか正しく表現したいと思っています。いずれにしても人間に問題になるのは「放射線」だからです。

また、グレイ（Gy）、シーベルト（Sv）、ベクレル（Bg）などの放射線、および放射能の強さの単位も、私は「シーベルト」だけで説明するように努力しています。

一般の人は原子力の専門家ではないのですから、「放射線」と「シーベルト」だけで理解できるように専門家が話す必要があると私は思っているのです。

今回も放射線の強さを女川《おながわ》原発（宮城県。東北電力）はグレイで、福島原発はシーベルトで発表しています。よく混乱している人がいますが、むしろ間違うほうが当たり前なのです。同じ日本の原発なのですから、同じ表現を使わないと混乱します。

＊

「半減期」でも混乱している人がいます。

放射線を発する元素（同位体）は一〇〇種類を超え（無限にあるといっても間違いではない）、とうてい覚えられないような量があります。核爆発でもかなりの数のものが出ますから、それらの半減期を覚えるのは大変です。

今までの原発事故は一回で全ての放射性物質が放出されました。しかし今回の福島原発事故の場合、ほぼ同じ量の放射線および放射性物質が、毎日出続けているのです。

その場合、もし、半減期が一日のものがあって、それだけで汚染されていて、毎日一〇シーベルトとすると、

初日……今日、降ってきたものだけで一〇シーベルト

二日……昨日のものが五シーベルトで、今日降ったものが一〇シーベルト

三日……一昨日のものが二・五シーベルトで、昨日のものが五シーベルト、今日が一〇

となります。

数字で「等比数列」というのを覚えている方は、「ああ、そうか、最終的には今日降ってくる量の二倍になるのだな」と気がつくでしょう。

いずれにしてもこれらのことでさえ、一般の人にはなかなか難しいことなので、この際、半減期のことはあまり考えず「現在どのくらいの放射線か」ということだけに注意したほうがいいように思います。また、野菜などについている汚染も同じ理屈です。最終的には、そのときのその場所やそのホウレンソウの「シーベルト」で決まるのですから。

＊

長い間、原子力は専門家のものでした。

それは福島原発が東京電力のものだったのと同じです。

でも、これほどの事故が起こったら、福島原発はすでに国民の共有財産ですし、原子力も、一般の人が生活の中で理解できる範囲の用語を用い、説明できないといけないと思うのです。

第2章　そもそも何が問題なのか？

なぜ二〇〇七年の教訓が生かされなかったか

まず、時間を少し戻して、二〇〇七年に起こったことを思い出すところから始めます。ここからの文章の一部は著者が二〇〇八年に朝日新聞出版から出していただいた本に書いたこととほぼ同じです。興味のある方は『食糧がなくなる！　本当に危ない環境問題』をご参照ください。

二〇〇七年七月、柏崎刈羽原子力発電所が新潟県中越沖地震によって、原子炉の一部に水漏れやひび割れが起こり、電気系統がもくもくと黒煙を上げて火災が起こりました。

原子力発電所が地震で壊れて、少量にしても放射性物質が漏れたということ。さらには原発で火災が起こるという事実は、多くの日本人にとって驚きでしたが、政府とマスコミの巧みなカモフラージュで、数ヶ月後にはすっかり忘れられてしまったのです。

カモフラージュの第一は「放射線は漏れたけれど、微量で人体に影響がない」ということです。

もちろん、原発からの放射線が弱く、人体に影響がなかったことは良いことでしたが、それと原発の一部がわずか震度6の地震で破壊されたという事実とは別問題で、それが消されるわけではありません。

第二に原発の所内で起こった電気系統の火災は、「放射線と関係がないので大したことはない」という発言でした。

原発が地震に対して安全でなければならないのは、

「原発が放射能を持つ物質を扱うからであり、火災になった変電設備のように危険でないものが火災になっても問題はない」

という考え方です。

この二つのことが大々的に宣伝されメディアでいわれ、原発の建設に関わった専門家が強調したのです。その結果、現実には原発が地震で破壊されているにもかかわらず、「原発は地震では大丈夫である」という錯覚が一般に行きわたってしまったのです。

歴史に「もし」はありませんが、それでも「もしあのとき震度6で柏崎刈羽原発が壊れた」ということが国民の意識の中にはっきりと認識されていたら、日本の原発を見直すきっかけとなり、福島原発は破壊されなかったかもしれません。

今回の福島原発の事故も原子炉自体が破壊されたのではなく、また最初は原子炉の格納容器もさらには建屋も破壊されていません。

しかし、電気系統が破壊されたことによって、全ての事故に繋がったのです。その点から考えても柏崎刈羽原発事故のときに、直接、原子炉に関係のない電気設備の火災があったという事実は本当なら大変に参考になり、大きな教訓となり得たかもしれないのです。

「地震が来たら壊れて住民が被ばくをする」ように設計されている

実は、日本の原発は、

「地震が来たら、壊れて、放射性物質が漏れ、場合によっては付近住民が被ばくをする」

という「指針」のもとにつくられています。

だから、柏崎刈羽原発事故や福島原発事故のときのように地震が来たら原発が地震で壊れるほうが合理的なのです。むしろ東日本大震災のときに震源近くにあった女川原発が無事だったことのほうが実は意外なことだといえるのです。

なんの例も示さず、こんなことをいってもまったく信じてもらえませんので、現在の日本の「耐震指針」の考え方を紹介したいと思います。

平成一八年（二〇〇六）四月のことです。著者は内閣府原子力安全委員会の専門委員として、原発の耐震指針を決める基準部会というものに出席をしていました。

そこで「新しい耐震指針」が提案され、東大名誉教授によって説明がなされました。その提案を聞いていた著者は本当に驚きました。次のような考え方からできていたのです。

1　原発の立地が決まったら、地震の専門家を呼んで将来どのくらいの大きさの地震が来るかを予測してもらう。

2　予測された地震の規模に応じて、その地震で倒れない原発を建設する。

3　それを電力会社が安全に運転する。

4　地震の専門家が将来の地震の大きさを間違うこともあるが、それは現在の科学では仕方がないことであり、それによって発生するリスクを「残余のリスク」という。

この説明を聞いて多くの委員は妥当な指針であると考えたようでした。

しかし私は、次の質問をしました。

武田「この耐震指針は、原発の建物が地震で壊れないことを目的とするのか。それとも、原発の運転が順調に継続されることなのか。もしくは付近の住民が被ばくしないことが大切なのか？」

考え方によっては、著者の質問は実にバカらしいものとも言えます。

原子炉の安全性を確保するためには、原子炉や格納容器、それに建屋が地震で倒れないようにしなければならず、それはとりもなおさず運転を順調に行えることでもあり、さらに地域住民が被ばくしないということにもなるからです。

しかし実は大きく違うのです。

著者の質問に対し、内閣府の課長らしき人が長く意味のない答えをしました。その後にまた著者が、

「この耐震指針では、原発が地震で破壊されることになるので、付近住民に逃げるためのオートバイと甲状腺を守るヨウ素剤を配ったらどうか」

と発言します。

これに対しても、まともな答えは得られませんでした。

国の委員会ではしばしばあることなのですが、厳しい質問をすると答弁に立つ人は意味のないことを長々と二〇分ぐらい答えます。そうすると質問時間がなくなって、やんわりと議長からもうそのへんでやめといてくださいということがいわれます。

そして結果的にこのような意味のない会議を行っても、形式的には審議したということ

になり、官僚がつくった原案が、そのまま通ってしまうという仕組みになっているのです。

しかも委員の横には傍聴席があり、そこにはNHKやその他のメディアの記者も来ているのですが、このような重要な事実はほとんど報道されません。それどころか、あたかもまともな審議が行われたような記事が出ますので、唖然《あぜん》としてしまいます。

実は、二つの質問に四〇分使ったとしても、著者の発言はわずか一、二分であり、あとは全部だらだらと答弁される時間に費やされてしまうのです。

ところで、著者が、なぜこんな質問をしたのかというと、それはその後の地震と原発の状態がずばりと示してくれました。私の発言を頭に浮かべながら読んでください。

地震の予想を低くすれば通ってしまう基準

柏崎刈羽原発を建設するときに、近くに直下型地震の震源となる断層があることがわかっていました。そして、そこが動いて最大の地震が起きた場合、原発のあたりは震度5強ぐらいの揺れがあるとされていました。

震度5強というと、加速度（ガル）でいえば二五〇ガル（一ガルは一秒に一センチメートル毎秒の加速度の大きさ）くらいだったようです。

ただ、これらの数字は著者の記憶によっている場合もあります。というのは実際に地震の専門家の評価とその後の議論、さらには電力会社が具体的な設計に入ったときの設計基準がなかなかはっきりしないからです。

単に加速度といっても、建物などの設計のときにはきわめて複雑な数値を使うので、それをそのまま見てもなかなか理解はできません。

原発の安全性は、普通の人でも理解できるように、原発の耐震設計値が震度5だったのか、それとも震度6程度か、簡単に表現するのが適当なのですが、実際には非常に複雑な数値で示されます。

そこで、ここでは著者が、やや厳密性には欠けますが、このことをわかりやすく整理をしながら話を進めることにします。

一般の人の感覚では「震度5」というのは日本の地震では中ぐらいです。普通の家屋でも建物が倒れるほどの被害はほとんど出ません。だから原発の耐震設計といっても大したことはないのです。

それでも多くの人は「原発だから強い地震が起こらないようなところにつくっている」

と思っています。

このようなことでしたから、柏崎刈羽原発が「震度６」で破壊されたのは、東京電力が安くつくろうとしてわざと弱くつくったとか、工事に手抜きがあったということではなく、もともと「震度５ぐらいの揺れにしかもたない」ように建設されていたのです。

もちろん、国の認可が下りて建設したのですから、違法でもありません。

ところが、実際に起こった地震は震度６強だったので、設計上からいえば柏崎刈羽原発は壊れるのが普通だったのです。実際は、認可された震度があまりに低かったので、東京電力が安全をみてつくったと噂話で聞いたことがあります。

これが柏崎刈羽原発の一部が震度６で破壊された真相なのです。

そして二〇一一年の福島原発の事故のときも、やはり揺れは震度６で、それに一〇メートル級の津波が重なって、その原因となりました。

そして、柏崎刈羽原発事故のときと同じように、福島原発の事故のときも責任を逃れるために奇妙な言い訳が使われました。

「巨大地震だった」「一〇メートル級の津波が来るとは思わなかった」というものです。

二〇一一年三月一八日、東京電力の清水社長は「津波の規模はこれまでの想定を超えたものだった」と発言していましたが、震度6の揺れや一〇メートル程度の津波に、「想定を超えたものだった」といわれると、無責任もいい加減にしろといいたくなります。

ことの真相は、現在の日本の原発は「地震や津波で破壊されない」のではなく、「想定している範囲なら破壊されない」ということなのです。

きわめて大切なことなので、繰り返します。

「原発を建てる当事者が、予想を低くすれば、普通の地震でも破壊する」という前提であることが、はからずも東京電力の会見で証明されたわけです。

「残余のリスク」で全て言い訳がなりたってしまう

一方、日本の地震を地震の専門家が正しく予想したことはほとんどありません。地震が起こる度に「予想もできない地震だ」といわれることが多いのです。

新潟沖の地震でも「今まで発見されていなかった断層が動いた」とされました。

東日本大震災のときには「三陸沖から福島沖まで長い距離でプレートが動くとは思わなかった」とか「一〇メートルを超える津波が来るとは想像できなかった」と釈明されたの

です。でも、三陸沖の津波の記録は三八メートルですし、仮に福島原発を襲った津波が一五メートル（もう少し低かったと報告されている）としても、これまでの記録の二分の一以下なのです。

それで原発が破壊しても「想定外」というのなら、いったい何が「想定内」なのでしょうか？　先に、耐震指針を整理した1から4の項目（五九ページ）を見てもらうと、「想定外」の危険を「残余のリスク」として処理されていることがわかります。

「残余のリスク」という聞き慣れない用語はなんでしょうか？

読んで字のごとく「残っているリスク」という意味で、普通に使われる用語では「想定外のことが起こったら破壊されるリスク」という意味です。しかし、「想定外のことが起こったら壊れる」というと、反撃を受けますので、「残余のリスク」という専門用語が使われているのです。著者はあるときに「国民にわかってもらうのだから、もう少しわかりやすい用語を使ったらどうか」という意見を述べています。

人間がすることですから、想定外のリスクが残ることは考えられますし、また当然のように思います。しかし、この「残余のリスク」という言葉を認めてしまうと、原発は、どのような条件下にでもつくれるようになります。

たとえば福島原発では「津波は来ることを想定しなかった」といえば、それが耐震指針にある「残余のリスク」ですから、何メートルの津波で倒れても耐震指針に合格するのです。

つまり、いつ原発が倒壊しても、残余のリスクだから仕方がないといえば責任を逃れられることになります。

「耐震指針」は、それをつくった人、地震の専門家、建設した人、指導した官僚など、全ての人が、その「残余のリスク」を隠れ蓑として、守られているのです。

さらに、残余のリスクの犠牲者は「国民」になるようにつくられているのです。

「残余のリスク」がある限り、耐震指針がないようなものです。

そこで、私の質問は次の二つだったのです。

1　この指針の目的は何か?

2　この指針では地震で原発が倒壊するのだから付近住民を被ばくから守ることができるのか?

提案された指針の目的は、耐震指針をつくったという形式的な成果と、何が起こっても実施側の責任にならないという抜け道をつくるためと考えられます。

そして原発が壊れたときの責任は「被ばく」という形で、全ては住民が背負うことになるのです。

　このように、現在の日本の原子力発電所は、日本で起きる大きな地震に備えて設計されているとはいえません。その地方にどの程度の地震が起こるかということを推定する地震学の今の知識にだけ基づいていることがわかります。

　地震学は大切な学問ですが、まだそれほど将来のことを予想できるわけではありません。「地震の予想は地震学に任せなければならない」といういわば教条的な設計基準こそが福島原発事故の真の原因になっているのです。

　このような、いわば「不まじめな耐震指針」が国の委員会を通り、正式な指針となり、さらには現実に震度６の地震で柏崎刈羽原発が倒れても、誰もその責任を問われないということが現実になるためには、事実が正確に報道されないことが必要ですから、結局、日本のマスメディアが政府の発表を第一とすることも前提になります。

ある判決の真相

二〇〇七年一〇月、ある裁判の判決が報道されました。

静岡にある浜岡原子力発電所が東海地震の震源域にあることで、運転を差し止めろという訴訟があり、静岡地裁の裁判では差し止める必要はないという判決が下ったのです。

浜岡原子力発電所は日本の原子力発電所の中でも東海地震が起こると予想される震源域にあることで、もともと高い耐震性で設計されています。さらに今まで日本で起こった地震の最大値よりもさらに強い地震でも大丈夫なように補修工事まで行われているのです。だから、中部電力は「浜岡原子力発電所は、東海地震が来ても大丈夫だ」と発表しています。

中部電力は安全に対して誠意のある会社ですが、これは誤解を招く表現で、

「浜岡原子力発電所は非常に耐震性が高い原子力発電所だから安心できる。でも、東海地震がもし今まで日本で起こった地震よりも桁《けた》違いに大きければ、残念ながら倒壊する可能性がある」

と説明するべきなのです。

ところで、柏崎刈羽原子力発電所でも、地元住民に対して「柏崎刈羽原子力発電所は地震でも大丈夫です」というふうに説明がされていました。

この説明も間違っていて、正しくは、

「この原子力発電所は震度5までの地震なら大丈夫だという許可を得ている。しかし、それより大きな地震が来たら危ない」

ということは伝えておかなければならなかったのです。

岩手・宮城内陸地震ではこれまで知られていなかった断層が原因となりましたが、地震の加速度は最大で約四〇〇〇ガルにもおよんだとされています。

繰り返しますが、今の耐震基準では、地震につきものの津波も含めて、とうてい、日本の原発は耐え得ることができないのです。

この原子力発電所の耐震指針の決め方に、私は日本人の特徴が出ていると感じます。

日本人は「危ない」とわかっていても、それがあまりに大きなことで「そんなことを口にしてはいけない」と思うと、自然に自主規制がかかって、黙っているということが起きます。つまりそこにいる全員がおかしいと思っても口に出す人がいない。悪い意味で空気を読んでしまうという経験を私も何回かしたことがあります。

原子力発電所の耐震指針もそれに類するものですが、なにしろ多くの国民の命がかかっているのですから、非常に大切なことなのです。国の委員会などでは勇気を持って発言する人が増えるのを期待します。

＊

もう一つの例をあげます。

一九九九年、北陸電力の志賀原子力発電所で臨界事故が起きました。北陸電力は、この事故があった事実を二〇〇七年まで隠していました。その点を原発の安全を監視しているはずの経産省の保安院がどのように考えたかは不明です。

原子炉は核爆発を微妙にコントロールするのですから難しいのです。現実には、あまり激しく爆発させると危ないので、少しずつギリギリの状態で爆発（連鎖反応）をさせます。しかし人間は過ちを起こします。ですので、原子炉は、原則として二重の安全性が求められています。

一つは「人間が間違っても臨界事故を起こさない構造の原子炉を使う」ということです。人間が間違っても装置的に安全というのなら人為的なミスによって事故が起こることを防ぐことができます。

そして二番目には「運転がまじめで、しっかりしている」ということです。いくら装置を安全にしても、無謀な運転や知識不足では、事故は防ぐことはできません。

「装置」と「人」。

この二つが安全を守るのには必須条件です。

さいわい日本のように技術に優れていて、運転も上手で従業員もまじめ、それに加えて軽水炉という原子力発電の方式は、原子炉の運転中に人間が間違っても爆発事故にはならないので、今まで日本では原子炉の事故というのはほとんど起こりませんでした。

まして核爆発事故のように大きな危険を伴う事故は皆無だったのです。

でも、北陸電力で小さい規模ではありますが、この「ギリギリ」がうまくいかなかったことが一瞬、ありました。このことは原子力発電技術にとっては大変大きなことで、一般の人はともかく、専門の技術者はビックリしたものです。

また、北陸電力がこの事件を積極的にオープンにしなかったということも問題でした。原子力は巨大技術なので、「民主・自主・公開の原則」（原子力平和利用三原則）が守られていたからです。

また、国はこの事故を「国に」報告がなかったことに厳しい態度を示しましたが、「国に報告しなかった」とだけの視点が気になります。

本来はなによりもまずは直接の被害を受ける地元住民に通報することが必要なことだからです。原子力発電所の近くの住民たちは発電所が安全かどうかということを知る権利がありますし、事故があればただちに逃げなければならないからです。

ところが、柏崎の原子力発電所のときも、この北陸電力のときも、事実の発表はいつも遅れています。柏崎刈羽原発のときには、朝一〇時頃、原発の敷地内でモクモクと火災の煙が上がっているのに、それが地元にアナウンスされたのは午後六時のことでした。「原発の事故ではない」というのが理由でしたが、地元住民としては地震が起こり、現に原発敷地内でモクモクと煙が上がっているのですから、逃げるべきか逃げないでよいのかと判断に迷います。

その連絡が、事故が起こってから八時間も経ってからというのですから、地元の人の不信感が増幅するのも当然のことでしょう。

福島原発の事故でも、水素爆発が起こった後、五時間後に発表されました。もし、その爆発が大量の放射線漏れにつながり、住民がすぐ避難しなければならないとしたら、その五時間は致命的です。なぜ連絡するのに八時間も五時間もかかるのでしょうか?

これも繰り返しになりますが、「日本の原発は、付近住民の健康とか生死について、ほとんど意識していない」ということによっているのです。

前から、原子力発電には多くの日本人が不安を感じていました。それに対して「原爆が投下された経験があるから」という説明がなされています。しかし、これだけ隠蔽《いんぺい》体質なら「信頼してくれ」というほうが土台無理な話なのです。

原子力では「公開」が原則

実は、日本では原子力についてのことはすべて「公開」されます。被爆国である日本では、原子力に関して、民主・自主・公開という「原子力平和利用三原則」があって、それは割合、確実に守られています。

著者は原子力安全委員会の専門委員になったとき、きちんとした手続きによって任命され、かつ公平な方法で委員会が開催され、その委員会には必ず毎回、マスコミ、反対派、一般住民、関係業者が来て、私たちの発言を聞いていました。

さらに委員会で議論されたことは速記録としてある期間、インターネットで見ることもできます。しかし、ときどき発言がカットされたりすることもあり万全とはいえません。

実は、二〇〇七年に柏崎刈羽原子力発電所で放射線が漏れたとき、著者のところに二人の新聞記者から電話がありました。

電話のきっかけは、一年ほど前の原子力安全委員会・専門部会での私が発言した内容を記者の方が読んだからです。

委員会のその部会の速記録の中に、

「地震が起きたら原子力発電所が壊れて、付近住民が著しい被ばくをする恐れがある」という意味の記載があり、それを「残余のリスク」と表現していたのです。

それに対して私は、

「著しい被ばくというのは問題ではないか。せめて、この〝著しい〟をとって、より付近住民が安全な状態で住めるようにしたらどうか」

と質問しましたが、議論の結果、この〝著しい〟は取られることはありませんでした。

日本の耐震指針が、最初から付近住民が著しい被ばくをすることがあるという前提でできていることも大きな問題ですが、それ以上に三〇分くらいにわたって行われた議論は公開されていたのに、メディアはまったく報道しなかったことも大きな問題なのです。

もっとも肝心な……、

「原子力発電所が地震で壊れ、付近住民が著しい被ばくをする可能性があるという指針になっている」

ということが記事にならなかったのです。

この議論があってから約一年後、新潟で地震が起こり、柏崎・刈羽の原子力発電所が損傷を受けると、「何をやっているのだ」といっせいに非難の声があがりました。

指針では壊れるように設計されており、メディアも、その事実を知っているのにもかかわらず報道もせず、実際に事故が起こると、そこでかさにかかって「何をやっているのだ」と非難するのですから、とてもまともな人のやり方ではないでしょう。

何かを批判するのは、批判するためにするのではなく、改善に結びつくから意味があるのです。

それなのに「地震のときに倒れる」ことがわかっていても、それを報道せず、現実に倒れたら、あたかもそのことを知らないふりをして非難したのです。

いずれにしても公開が原則なのに「原子力に関する重要な情報が伝わっていない」ということは多いのです。

一九八六年、チェルノブイリ原発が爆発したとき、旧ソ連は「安定ヨウ素剤」を各保健所に置いていました。原爆が爆発したり、原子炉が事故を起こしたりすると放射線を持つヨウ素が空気中にただよい、それが体内に入ると甲状腺にたまってガンを発生させます。

でも「甲状腺は一定量のヨウ素があると、余計にあっても取り込まないで排泄《はいせつ》する」という非常に都合の良い性質を持っていますので、それを利用して放射線の危険が迫ったらヨウ素剤を飲むのです。すると、安全なヨウ素（安定同位体という）が先に甲状腺に入ってもうそれ以上のヨウ素は取り込まれません。

つまりその後に、危険なヨウ素が来ても甲状腺には入らずに体外に排泄されるのです。チェルノブイリの事故が起こった後、ソ連の保健所は、なかなか開かず、一般市民がヨウ素剤を飲むことができなかったといわれています。当時のソ連は社会主義国家で住民のことを考えるような社会ではなかったようです。

もっとも、日本でも二〇〇八年二月に露見した中国製のギョーザに毒性の殺虫剤が入っていた事件でも、前年の一二月二八日に千葉の保健所に毒入りギョーザを持っていった住民の訴えが「年末だから」という理由でそのままほうっておかれたり、係員がただ臭《にお》いをかいだだけで「検査に万全を尽くした」と発表したりするぐらいですから、日本も似たようなものかもしれません。

ともかく、チェルノブイリ原子力発電所の事故後、ソ連では安定ヨウ素剤の供給が遅れたので、多くの子どもたちが甲状腺ガンにかかりました。

これに対して、ポーランドでもかなり高濃度の放射性物質が降り注いだのですが、ポーランドには各家庭にヨウ素剤が置いてあったので、危険が迫ると子どもたちが安定ヨウ素剤を飲み、その結果、少数の胃腸障害と皮膚の発赤が報告されたものの、子どもの甲状腺ガンは発生しなかったとされています。

原発は特に大きな事故に繋がりやすいのですが、自動車でも航空機でも、機械でできたものには故障や不具合がつきものです。もちろん、できるだけ安全に設計され運転されるのが理想ですが、時に想定外のことも起こります。

そんなときに、危険を知らせる情報があり、それに対して身を守ることができれば、二次的な災害を最小限で食い止めることができるのです。

自動車にシートベルトがついているから「自動車は危険なもの」ということではなく、万が一、事故が起こったときにでもその被害を最小限にするという人間の知恵なのです。

現在の原発が危ない三つの理由

このように考えると、現在の原子力発電所が危ないというのには三つ理由があることがわかります。
一つ目は、地震や津波が来ると壊れるというもともとの危なさ
二つ目は、危ないことがわかっているのに、それが知らされていないという危なさ
三つ目は、万が一、事故が起こったときの対策がとられていないという危なさ
ということです。
このことは二〇〇八年に著者が朝日新聞出版から出した本にそのまま書いてあります。
第一に、日本の原子力発電所は、基本的にはよくできていて、普通の運転では危険はほとんどありません。
軽水炉という原子力発電所の方式は、水を冷却材に使っているので、その水が安全を保ってくれます。
日本は地震王国で定期的にといってもよいほど、地震がやってきます。かつては人口稠《ちゅう》密《みつ》な関東や東海だけ注目されましたが、最近では、北は北海道の釧路から、南は九州の宮崎までまんべんなく地震の被害が大きくなりました。
原発もすでに日本で五〇基を超え、全国津々浦々に建設されるようになっています。それが「いい加減」につくられているのですから、とても危ういのです。

第二に、「原発が地震や津波に弱い」ということは原発の専門家ならよく知っています。それは「残余のリスク」という言葉を知っているかどうかです。

「残余のリスク」というのはわかりにくいので、ここでもう一度、説明しますと、「想定内」の地震や津波だけを考えればよく、「想定外」の場合は原発が破壊してもよいという意味です。

このことに「地震の予測はいつも間違ってきた」という歴史的事実を組み合わせると、「原発は地震や津波で壊れる」ということになります。

これは「耐震指針」に明記されているのですから、原発の専門家は知っているのですが、社会にいうときには、それと一八〇度違うことをいわないと、原発部隊からは外されてしまうことになっているのです。

そして第三は、「原発は絶対安全」だから「事故が起こるはずもなく」、したがって「事故が起こったときの対策は不要だ」ということになっています。

墜落する航空機を飛ばすことはできません。でも、ときどき航空機は墜落します。原発も事故を起こしてはいけません。でもチェルノブイリもあればスリーマイル島の事故もあります。

「万全を期す」というのと、「万が一に備える」というのは矛盾したことではなく、人間の知恵が有限であることから、当然のことなのです。

ところが、日本には「原発は絶対安全なのだから、事故のときのことなど考えてはダメだ」という思考回路が働くのです。

その結果、福島原発の事故のときでも、子どもたち向けにヨウ素剤は準備されていないし、漏れた放射性物質がどちらに流れるかの図も公開されないというお寒い状態なのです。

日本が弱い原発をつくった九つの原因

では、なぜ、地震大国で安全を重視している日本がこんなに弱い原発をつくっているのでしょうか？

今回の事故の原因をよく理解し、さらにそれを回避し、今後、このようなことが他の原発で起こらないようにするために、深く切り込んでみたいと思います。

私は、その原因を以下の九つにあると考えています。

1　原発のように複雑で巨大なものを地震や津波から守るために検討する「精神力」がないこと
2　学力が不足し、科学的思考ができないこと
3　職務に対する誠実さが不足していること
4　「学問」を間違って認識していること
5　いつの間にか原子力の体制が変わったこと
6　国は誤らない・役人は謝らないという習慣があること
7　縦割り行政と建前社会であること
8　庶民から裁判官までお上《かみ》に従順なこと
9　地震の対策を十分にすると、原子力発電所の建設費が高くなり、ひいては電気料が高くなること

以下、それぞれについて順を追って説明をしていきます。

1　原発のように複雑で巨大なものを地震や津波から守るために検討する「精神力」がないこと

原発の原理は簡単ですが、装置は非常に複雑で巨大です。この装置を「どこから見ても安全である」という状態までもってくるのには大変に力がいります。

東京電力の首脳が「津波の規模はこれまでの想定を超えたものだった」というようではとうてい、安全は守れないのです。

今回の事故で簡単な例を示します。

まず、福島原発では非常用のディーゼル発電機が発電所の構内にありました。もともと非常用のものですから発電所がやられたときに使うものです。

それが発電所の構内にあれば、よほどディーゼル発電機が壊れにくい物でない限り、同時に破壊されてしまいます。それでは非常用として役に立ちません。

たとえば、発電所が爆撃を受けたり、津波に襲われても、ディーゼル発電機が発電所から二～三キロ離れたところにあれば、同時に破壊される危険性が減ります。

膨大な設備のうち、何をどこに置くかはとても複雑です。

二つ目は人的問題です。

福島原発では、地震直後に発電所の建物の内部は大きく損傷しました。東京電力は責任逃れのためか、今回の原発の破壊は津波によって起こったといっていますが、作業員の証言では、すでに地震直後に建物も相当壊れ、配管も損傷して上から水が落ちてきたといっています。

それでも、作業員は原子炉建屋から離れるのに、放射線のチェックをするために長い列をつくったといわれています。

そんなことをしているうちに死ぬかもしれません。ただ放射線をどのくらい浴びたかという記録も必要ですから、発電所から少し離れたところで放射線のチェックが行われるようにしなければなりません。

ことが起これば思いつくのは簡単ですが、設計段階で考慮に入れるのはとても大変で、相当な精神力がいります。

さらにもっと基本的なこともあります。

原子炉は、中心部にいわゆる原子炉があります。それを、その外側に圧力容器、格納容器、さらにその外側に建屋と三重で防御されているといわれています。

ところが、原子炉内の水位が下がって水素が発生し圧力が上がると、その水素は格納容器内に出さなければなりません。そうすると、今度は格納容器の圧力が上がりますので、格納容器から建屋の中に出さなければなりません。

建屋の空気は普通に酸素を含んでいますので、そこに水素が出て行くので「水素爆発」が起こります。

つまり、原子炉の水位が落ちた場合、圧力容器、格納容器、建屋と三重の防御をしているようで、実はそれは連結していて、一つの壁でしかないことがわかります。

これら無数のことを調べ、さまざまな状況を思いつき、それぞれにきちんとした対策を立てるには、誠意があり、学力があり、粘り強い人を一〇人ほど集めて、繰り返し、繰り返し議論を重ねて初めて、問題点を潰すことができる類《たぐい》のものなのです。

また、今までの事故例や人間の錯覚、その他の要素も十分に考える必要があるので、お年寄り、外国人、心理学者なども参加しなければなりません。

しかし、著者が長い経験で見てみますと、なかなかすぐれた人の時間がとれず、用いる言語が特殊なので、異分野の人の力を借りにくいのです。

それでいて、基本的な安全性は短い時間である結論に達することが多いようです。

そしてその後は現場の設計者に任せ、個人の力と設計思想に基づいて設計をするというようになっています。

また、仮に日本人が小さい頃から科学的かつ論理的な思考力を身につけ、それによって、解析的に考えることに慣れていれば別ですが、どうしても日本人は情緒的です。

また、日本語自体の問題があります。日本語というのは単数、複数を区別しませんし、主語もいらないぐらいです。だから、すぐれた文学作品が出やすい傾向がありますが、原子炉のような複雑なものを論理的に考えるには言語自体が不利なのです。

2　学力が不足し、科学的思考ができないこと

設計時に、原子力発電所を理解するためには、非常に広い範囲の科学的知見や社会の知識が必要です。

まず、核分裂や中性子、連鎖反応、質量欠損などの核物理を知らなければなりません。人から核物理の説明を聞くのと、自分でしっかり勉強して理解するのとでは、その程度が

違います。

また、原子力では多くの材料を使います。ステンレスやジルカロイといった金属系の材料、シール部分などに使用するプラスチックやゴムも大切です。電線の被覆などはプラスチックの場合が多いのですが、放射線に対する劣化についてよく知っていないと事故になります。

また熱の高いところではセラミックも使われますが、もろい性質があり、なかなか材料の選択と設計には知識がいります。材料の特性を知らないと、時間が経ったときの劣化や、亀裂などについて注意が行きわたらない場合も生じます。

また、異なる材料を使うときにはそれぞれの材料の熱膨張率が違うので、それらがお互いにどのようなひずみをもたらすかという材料力学の重要な知識が求められます。

原子炉を取り巻く設備では、冷却、循環、化学反応、流体、流動、電気、計測、計器、制御、建築、土木と限りがないぐらいの具体的な知識が必要です。

これらの一つ一つのものについては専門の人が材料選択や設計をしますが、それが全体として組み合わさったときに、どういう問題点を生じるかということを考える人は、全てのことについて精通していなければなりません。

そういう人がほとんどいなくなってしまったのです。

チェルノブイリ事故以来、原子力に対する学生の人気が低下して、日本の各大学は「原子力学科」という名前の学科をほとんど止めました。

原子力学科がなくても、応用物理学科や材料工学科等があればそれですむように思いますが、やはり原子力に関する総合的な力を持った学生が少なくなったことは確かです。

かつて未来のエネルギーとして原子力がもっとも華やかだった頃、優秀な学生の多くが原子力に進みましたが、その頃から比較すると現在は隔世の感があります。

このようなことが原子力発電所の設計段階で大きな痛手になっていることは間違いありません。

それに加えて、日本全体を覆う雰囲気として高等学校で物理の履修が選択制になったので、かつては一〇〇％の生徒が物理を履修していたのに、現在では一二％、つまり八人に一人しか物理を履修しなくなりました。

また、物理の勉強はかなり難しいので、それを回避したいと思う学生が増えたことも確かです。原子力の足腰が弱くなったということがいえると思います。

最近の高等学校は、理科系の学生には理科の科目だけ、文科系の学生には文系だけを教える傾向があります。それは最近の大学の受験科目が少なくなって、学生の視野を狭くしようと懸命だからです。

かつては「八科目受験」といって理科系の学生でも日本史、世界史はもとより美術や音楽などの試験がありました。

それによってバランスのある力と人格を身につけることができました。

原発の安全性は、技術だけでは保つことができません。自分たちがしていることが社会的にどういう意味を持つのか、社会は原発に対してどのように考えているのか、さらに、原発反対派の人生観はどういうものなのだろうか、それらの全てがわかって初めて社会に適合する安全性を持った原発をつくることができるのです。

その点で、日本で原発を安全に動かすには、直接的なことだけではなく、教育の改善も必要でしょう。

3　職務に対する誠実さが不足していること

福島原発の事故が起こってしばらく経った三月二五日、東京電力の武藤副社長は驚くべき発言をしました。

「連動した地震による津波は想定していなかった」

と語ったのです。

これを聞いて著者の身近な人は「なんというバカなことを言うのだろうか」と憤慨していました。

これまで、ことあるごとに「原発は地震によって壊れることはない」と説明してきた当の東京電力の首脳が「連動した地震による津波は想定していなかった」といい、地震につきものである津波を無視するなど、とうてい受け入れられる発言でないのは当然です。

しかし、東京電力の首脳たちだけを批判することはできません。

国民から税金を取ってそれで予算を組み、国政をあずかる政治家のお金の問題など数をあげればきりがありません。

こういった仕事に対する真撃でない姿勢自体が、今回の福島原発の事故にも大きく影響していると思います。

しかしこのようなことは政府のトップや大会社のトップだけに見られることであり、額に汗して働いている多くの日本人はきわめてまじめなのです。

どんな事態になっても事故にならない原発をつくるというのはとても大変なことです。そのためにはそれに参加する人たちが誠意を持ってあたらなければなりません。困難な仕事には非常に難しい時期が来るもので、そのときに難関を乗り切るにはやはりまじめさや誠実さ、それに仕事に対する熱意などが必要です。

それにもかかわらず、日本の政府のトップや大会社の指導者が矛盾したことを言っていたり、汚職をしたりしているようではどうでしょうか。

つまり原発のようなものを安全に運転するということは、社会全体が誠意に溢れていなければダメだということがいえます。

その点では現在の日本社会は、原発という、巨大技術を扱うには、誠実さが不足しているといえると考えられます。

4 「学問」を間違って認識していること

原発を安全に設計し安全に建設し、運転するということはきわめて難しいことです。だから社会もそのレベルになっていることが求められます。

ここでは、かなり高度なことですが、「学問」や「真の技術が持つ問題」というものの本質を考えてみます。

原発は学問と技術の塊《かたまり》のようなものです。核分裂や質量欠損、核反応、中性子吸収断面積などの核物理にしても、特殊な合金や耐熱性プラスチック、高強度セラミックスなど普通の学力と技術ではできないようなものの塊です。

さらに原子力の社会への受容性、法律的な問題等もきわめて複雑です。

ところで、学問というのはしっかりした基盤の上に立って系統的に組みあがったものですが、同時に大変にあやふやなものでもあります。

正しいものの組み合わせと、新しく間違いを含むもので構成されているという矛盾した存在が学問なのです。

丁寧に説明したいと思います。

学問は、慎重にデータをとり、十分に整理を行い、再現性を確かめ、論理的な不備をとりさり、従来の結果との整合性を求めます。

このように精緻な構造をしていますが、同時に学問には人間の頭脳の欠陥が入りこみます。

人間の頭脳は「事実を事実として理解する」のではなく、自分の頭で「事実と納得できるもの」を事実とします。

*

少し哲学的な表現でわかりにくいので一つ例をあげます。

かつて目で見たものが事実だと思っていた頃、毎日、朝になると太陽が東から昇って西に移動します。それは、毎日毎日、まったく変わらないので、人間は「太陽は地球の周りをまわる」と考えます。

ところが一五四三年にコペルニクスが『天体の回転について』という本を出して、実は地球の周りを太陽がまわっているのではなく、太陽の周りを地球がまわっているということを明らかにします。

その知識を得ると、私たちは現実に目の前に太陽が地球の周りをまわっているのを見ても、その事実を自分の知識で補正して、太陽の周りを地球がまわっていると受け取るのです。

つまり私たちは事実をそのままを見ているのではなく、目で見た物を知識のプリズムを経て頭で見ているのです。そのプリズムが歪《ゆが》んで（いつも歪んでいる）いれば、私たちは事実そのものを見ることができないのです。

コペルニクスが本を書く前は、私たちのプリズムは薄かったので、太陽が地球の周りをまわっていると思いました。ところが、知識が増えると、目で見ると太陽が地球の周りをまわっているにもかかわらず、それを頭の中で処理をして太陽の周りを地球がまわっていると思うのです。

似たような話をもう一つします。

かつて地球は平らだと思っていました。当時は万有引力が発見されていませんから、もし地球が丸いとしたら下のほうにいる人は奈落の底に落ちてしまうからです。

そんな時代……毎朝、太陽は東から昇り、空を移動して、夕方には西に沈みます。なにしろ地球が平らなのですから、東から昇って西に沈めば、次の日は西から昇って東に向かうはずです。

ある日、社長が東京から鹿児島に新幹線で行くとします。その次の日、「どこから社長が帰ってくるの？」などと聞いたら笑われます。東京から鹿児島に行った社長は、次の日に鹿児島から東京に帰ってくるに決まっています。それと同じように、東から昇った太陽が西に沈めば、次の日は西から昇り東に向かうはずなのです。

それなのに、毎日、東から昇るのはなぜか？　と考えたのです。

この問題で、世界にはいくらか正解がありますが、模範解答の一つを紹介します。

毎日、太陽は「東の土からできて」、空に昇り、やがて夕方になると西の方に沈んで「土にかえる」という説明です。

私たちはすでに毎日の太陽が同じものであるということを知っていますが、もしかすると太陽は毎日違うものかもしれません。そこで、昔の人は地球が平らであるということと、土にかえるという説明は説得力があります。毎日、土からできて、土にかえるということと、太陽が毎日、東から昇るということを説明するために土からできると考えたのです。

この説明は説得性がありますから、人間は本当のことだと思います。

つまり人間が事実と思うのは、本当は事実そのものではなく、人間が事実と納得するものであるということがわかります。

学問の本質はそこにあります。

つまり学問は「現在の知識では正しいと考えられることを正しい」としますが、同時に「現在の学問が間違っている」として新しいことに挑戦します。

つまりもともと矛盾した活動です。

このことが原発の安全性に大きく関係してきます。よく「想定外」という言葉が使われますが、これは学問というものを知らないから使う言葉です。

そもそも学問は全て想定外であり、問題は「想定外」をどのように処理するのかということで、そのことがなによりも難しいのです。

人間には現在わからないことがあります。

それが将来起こるわけですから、わからないことを予想しなければなりません。しかしわからないことはわかりませんから、それをどのように処理するかが現実のエンジニアリングです。

哲学的な話でしたが、理解いただけたでしょうか？

今、正しいと考えていることは間違っている。だから、全てを正しいとして原発をつくってはいけない。

将来の地震の大きさを間違えるのは当たり前だから、地震学者が推定したこととの間違いを「残余のリスク」で処理してはいけないのです。

それが学問の産物である原発の宿命だと思います。

5　いつの間にか原子力の体制が変わったこと

原子力というのは、現在までの人間の発明したいろいろな技術の中でも、もっとも人類に貢献するポテンシャルを持ったものです。

アメリカに亡命したイタリアの科学者、エンリコ・フェルミが一九四二年、シカゴ大学で最初の原発を発明してから、原発の功罪はもっとも重要な課題でした。

アメリカはこの巨大な力と大きな危険性のある原子力を、なんとか両立させたいとある社会的なシステムをつくり出しました。それが日本では「原子力委員会が原子力を推進」、「原子力安全委員会が安全だけを考えてブレーキを掛ける」というシステムだったのです。

さらに、日本では、原子力委員会の委員長は閣僚（科学技術庁長官）がなることになっていました。それでも、原子力委員会は、絶対に原子力安全委員会の制限を守らなければならないというシステムだったのです。

でも、日本のような実務優先の国では、このような論理的なシステムはそれほどうまく機能しませんでした。

人類最初の原発の前で

地震によって破壊した福島原発

しかし、このシステムと民主・自主・公開という原子力平和利用三原則を守ることによって、日本の原子力は平和利用に限定され、かつオープンな雰囲気の中で、今まで繁栄してきたのです。ところが、原発の数がどんどん増えていくと、原子力委員会と原子力安全委員会という、理念的な機関ではまどろっこしくて機動性がないので、現場は不満に思うようになりました。

簡単にいえば、どうせ委員会の学者がやることだから遅いのは仕方がない。それならそれを改革するより別組織を作ってしまえということになり、国民から見れば、「いつの間にか」経済産業省に「原子力安全・保安院」というものができたのです。

官僚のやることですから抜かりはありません。名前だけを見ると、原子力の安全を担当するのですから問題はないのです。

ただ、原子力安全委員会とは別に、さらに原子力安全・保安院をつくって、原子力安全委員会が基本的なことを決め、保安院が実施するという体制に見えます。

しかし、現実にはそのようには動いていませんでした。

多くの場合、理念的なことをやるところと現実を握っているところでは、現実を握っているほうの力が強くなります。

著者の経験では、原子力安全委員会でも、保安院がいったい、どのようなことをやっているか、委員長などでなければわからなくなったのです。

たとえば、原発が事故を起こしても、保安院のほうで問題をさっさと片づけるので、原子力安全委員会の部会などには報告がありません。

福島原発の事故でも、対処する中心であるはずの原子力委員会と原子力安全委員会は登場してこないのです。ちなみにアメリカでは事故後、テレビに登場したのはアメリカの規制委員会（日本の安全委員会に当たる）の委員長でした。

つまり官僚の縄張りの犠牲になり、原子力というものがどのくらい大きな技術であるかということが蔑《ないがし》ろにされるようになったのです。

福島原発事故にめげず、今後、日本で原発を進めるとしたら、原子力委員会と原子力安全委員会の二本立てに戻さないとダメでしょう。

6　国は誤らない・役人は謝らないという習慣があること

著者が九州のとある原子力の施設の所長だったときのことです。

非常に複雑な配管が入りまじった大きな施設に対して国の認可をいただいて研究をしていました。研究員の数はおおよそ一三〇名で非常に大型の研究であり、また、地元の応援も得ていました。若い時代の著者はこの研究を安全に進めて成功し、社会、会社、そして地域に貢献したいと思っていたのです。

あるとき私が研究所内を見まわっているときに、ふとある配管に気がつきました。その配管は普段の研究の活動では、必要な配管でもあり、また間違ってもいないのですが、もしも事故が起こったときには、その配管を通じてウランが海に流れることに気がついたのです。

「これはいけない」と思って研究担当の責任者にはその旨をいって注意させ、ただちに電話で当時、ウランの施設を管理していた科学技術庁（当時）の担当者を通じて連絡をしました。

著者は「自分の設計のミスだから始末書か何かを書きますから配管を取り外したい」と申し出をしたのです。すぐに認めてもらえると思っていました。

ところが意外なことに科学技術庁の担当官は、「配管を外してはいけない」というではないですか！　そして、その理由を聞くと「研究施設はすでに国の審査と認可を受けていて、安全で正しいということになっている」というのです。

危険なのは危険なので、国の審査もなにも関係がないのですが、これが役人の論理です。もし、その中に間違った部分があったとすると、それは国の審査や認可が間違っていたことになり、お役人の責任になるからです。著者は食い下がりました。

「確かに論理的にはそうだけれども、人間には間違いがある、間違いをしたのは私だから私に何かペナルティーがくるのは仕方がないが、このまま運転すると事故になったとき、その事故のペナルティーは市民にかかることになる、市民はまったく責任がないのにペナルティーをかぶることになるので、それはできない」

しかし、最後まで科学技術庁の役人は認めてくれませんでした。その後で、内密に担当者と話をしてみますと、「武田さん。あれは、武田さんが勝手に外せということにしたといっているんですよ」と解説をしてくれました。

つまり、すでに国が認めた配管を変更するというのは国の間違いを認めるのだからお役人の責任になる。しかし、武田が勝手に外すのなら、もしもばれても、武田が罰せられるだけであるということなのです。

もちろん私はその配管を外しました。研究をやっているものとして、どんなことがあっても、周辺の人たちに迷惑をかけることはできません。それは私たち研究をしている者のプライドと信念だからです。

それに私の研究はその市の人たちにずい分お世話になりました。その人たちを裏切ることはできないのです。

思い返せば、原子力の研究ですから批判を受けることもありました。私がその研究所に赴任した日の夜、歓迎会が終わってスナックに連れて行かれました。そこのスタンドで水割りを飲んでいると隣に見知らぬ人が来て、「新しい所長さんですか。名刺をください」と言われるものですから、私はできたばかりの名刺をその人に差し出しました。するとその人は私の名刺を四つに破って床にたたきつけ靴で踏みにじったのです。そして「お前のために、私の兄弟はけんか別れになってしまった!」といってそのまま帰っていかれました。

私は心の中ですまないと思いましたが、それは仕方のないことでもありました。

また次のような体験もしました。その市の中には、研究に賛成してくれる人も多かったのですが、反対も同じようにありました。

ある日、私の部下の一人が私のところに来て、「私の妻が野菜を買いに行ったら、お店の人が研究所の人には売りたくないと言われた。なんとかしてください」と訴えたのです。私はびっくりしてお店に行き、いろいろ話をしてなんとか普通に対応してもらうようにしてもらいました。

私たち現場にいる者は、研究でも失敗したり、考え違いをしたりしますし、毎日の生活でも地元の人と一緒に飲んだり、叱られたりします。そのようなことを通じて研究が進行し、また今度のことでは原子力発電所の運転もしていたのだと思います。

これに対して、中央官庁の役人は国民の代わりに監督をしているという建前はありますが、著者の経験でもわかるように、現場にも研究が成功することにも興味がなく、さらには地域の安全を守るという意識もありません。

ただ自分たちの身分を守り、天下り先を探し、責任を他人になすりつけるだけです。

しかしお役人は許認可権や審査権を持っています。自分のことだけを考えるような役人は、特に許認可権をかさに仕返しをしてきます。だからこちらが少し強いことをいったり、お役人が困ることをいったりすると、次の審査のときに痛い目に遭うことになります。

自分一人なら痛い目に遭ってもかまいませんが、それは結局、研究の失敗に繋がるので、どうしても我慢しなければならないのです。

今回の福島原発の事故で保安院など関係する役人がどのような考え方や態度をとってきたのかということは定かにはわかりませんが、今度の事項をきっかけにして東京電力と保安院、保安院と原子力安全委員会の関係を徹底的に調査し、それを国民の前に明らかにしてほしいのです。

普段なら「お役人が許認可権や審査権をかさに着て仕返しをする」等ということはいってはいけないタブーになっています。しかし原発の安全性ということを考えれば、タブーとされてきたことを表面に出す良い機会だと思います。

このくらい大きな事件が起こったときこそ、昔からのお役人のタブーに切り込むいいチャンスではないかと思います。

著者はテレビで保安院の会見を見て、一度も謝らないのにビックリしています。原子力の安全確保を図る組織として許認可権や審査権を持ち、普段から安全の指導をしているわけですから、その許認可や審査、安全指導が間違っていたということが大きな事故で証明されたわけです。

さらに、福島原発の事故が「地震と津波」で起こったのならば、それは運転を担当していた東京電力の責任ではありません。どちらかというと東京電力よりも保安院のほうに責任があるわけです。

保安院の命令を東京電力がどこで聞かなかったのか。だから事故が起こったのか。そこをはっきりとする必要があります。

そして、事故の大きさからいって、国は間違いがあるということを認め、保安院を解体し責任者を処罰し、その上で再出発すべきだと思います。

国は悪いことをしない、したがって国の人はどんな間違いをしても処罰されることはないという建前を貫いていれば、原発のような大きな技術を日本で続けることはできないと思います。

7　縦割り行政と建前社会であること

縦割り行政の弊害というのは、これまでも何度もいわれていることです。でも小さなことならば縦割り行政は単に行政の効率が悪いという結果を招くだけですが、原発のような場合には縦割り行政が結果として大きな災害を招くことになります。

今度の場合、縦割り行政の弊害がもっとも大きく出た例でした。

耐震指針のことを説明したいと思います。

原発の立地が決まると、そこでの地震の大きさは専門家と「地震を所轄する局」が受け持ちます。そしてこれまでの経験や断層の状態等を検討して、震度5が来ると予想します。この判断には周りの人は特に異議を唱えません。それは縦割り行政だから他人が責任をとることは、自分には関係がないからです。もちろん「国民の視点」は無関係です。

震度が提出されると、それに基づいて、土木建築と関係の行政の順番になり、想定された震度5の設計をして建物を建てます。

次に機械・電気・計装の人と担当部署が登場し、最後に電力会社がそれを引き取って、運転します。電力会社は自分たちの原発ですから、最初から関与はしていますが、主体的に決定することはできません。

原子力は、国として重要で、同時に危険であるという理由で国が関与して全体の指導をするからです。

国が全体の指導をするというと、見かけ上は良いことのように思えますが、実は指導する人たちは原発の運転経験もなく、現場経験もなく、単に論理的に考えるだけです。

いってみれば、実力の低い人が高い人を指導をするのですから、それだけでも問題があります。

このようにして完成までできても、その過程に津波の専門家がいなければ津波に対する防御は抜けてしまいます。

また防衛省が参加していなければ、原発が攻撃されることは「問い合わせ」ぐらいで終わってしまいます。「ジェット機の不意の墜落」は研究されていますが、意図的な攻撃は研究されていません。

このようにしてできあがった原発が、全体として安全であるか。さらには原発が事故を起こしたときに、付近住民はどうなるかということも検討されていません。

縦割り行政が起こした事故が今度の福島原発の事故でもあったのです。

非常用のディーゼル発電機が、発電所の敷地内にあり、同じ原因つまり、震度6の地震と一〇メートル以上の津波で破壊したというのは、縦割り行政のもたらした典型的な結果でしょう。

つまりディーゼル発電機は、ディーゼル発電機の担当が検討し、非常用のものが普通に使うものと同じでも、セクションが違うので、問題にはなりません。

また酷《ひど》く被害に遭うのは住民です。

福島原発の事故でも、住民の被ばくはどのくらいまで認めるかも決まっていません。付近の放射線が高くなると、一般人の被ばく限度である「一年で一ミリシーベルト」は簡単に破られました。

一回のレントゲンが何シーベルトであるなどが例に出てきて、法律で定めた限度はいとも簡単に破られたのです。このように、設計時に「もし事故で放射線が漏れたとき、付近住民の被ばくはどうするか」も決まっていないのです。

さらには、放射性物質が漏れるのですから、次には野菜や水道水等が汚染されるのですが、そのとき住民の食糧はどうするのかという対策も決まっていません。

これらが決まっていない理由を聞くと、お役人は「住民保護局がないから」、などというでしょう。つまり縦割り行政というのは、それを分担する役所がなければなんの対策もとらないということを意味しています。その場合、自治体がカバーすればよいのですが、それぞれの自治体はそれほどの力を持っていないので、結局、ペナルティーを受けるのはなんの責任もない住民ということになります。

今から一五年ほど前、著者が「燃えないプラスチック」の研究をしていました。つまり火災を防止するために、可燃物を不燃物にするという研究です。この研究に目をつけてくれた当時の通産省の人が研究費を出してくれたので、研究計画書を書きました。

日本には火災が多く、火災の犠牲者が増加しているのは先進国では日本ぐらいなので、可燃物を不燃物にする研究は人命を大切にするために大変重要であるということを書いたのです。ところが提出したところ、担当した担当者は、

「武田先生、これではダメなのです。火災によって失われる人命は消防、煙の環境破壊は環境省、働いている人の健康障害は厚生省です。通産省で予算を通すためには、国際競争力とか省エネルギーでないと……」

つまり、「火災によって人命が損傷することを材料の改良で解決する」という総合的な研究は縦割り行政ではあり得ないというのです。

アメリカでは火災を減少することを目的として、消防隊の増強、消防隊を尊敬するような教育、火災が発生してから何分以内に到着できるかという消防署の配置、台所やリビングルームの設計、使用される材料、火災が起こりにくい電気設備等が全体的に検討されます。アメリカの火災による死亡者は四〇年ぐらい前から約半分になっていますが、それに比べて、残念ながら日本では同じ期間に二倍です。

つまり、日本では部分的には改善が行われますが、総合的な火災防止はできないのです。このような経験からも今回の福島原発の事故はよく理解することができます。つまり、「素人でもおかしなことが起こる」のが、国が関与したものに見られるのです。

8　庶民から裁判官までお上に従順なこと

明治の初めにヨーロッパやアメリカから日本に来た外国人が一様にびっくりしたことがあります。それはお殿様や代官など、庶民を支配する人たちの暮らしがとても質素だったことです。

ある外国人の随筆には、「日本に来てみると、どんな高貴な人のお屋敷でも質素であった。部屋には畳しかなく食事のときには小さな机を出してくる」と書かれていたのです。確かに日本のお城は、外国の支配者の宮殿より遥かに質素です。

さらに、外国人が日本の田舎に行くようになると、今度は、「世界をまわってもこれほど、豊かな田舎はない。日本が西洋文明に取り込まれたら、かえって悪くなるのではないか」という感想を漏らしています。

また日本は島国であったこともあって、私たちの日本はとても特殊な環境にありました。多くの外国では、市民は城壁の中に住んでいました。パリの城壁などはその典型的なもので、中国の村も同じです。

ところが日本ではそれが逆になっていて、お城には殿様だけが住み、守るべき庶民はお城の周りに無防備に住んでいるのです。

外国の常識では、城というのはそこに住む人たちを守るものですが、日本では武士は原則として庶民を襲わなかった歴史がこのような構造の城下町をつくったのです。

日本は周りが海で、民族がほとんど一つだったことがあり、庶民が襲われるということがほとんどなかったのです。

このような歴史から日本人は、お上を信頼しています。支配者を信用し、それに従順であるという気質はこのようにして育ったものと思われます。

それはよいのですが、お上がシッカリしていればであり、明治時代ぐらいまではそれが続いたのですが、その後、怪しくなり太平洋戦争で敗北した後、さらに日本は教育の内容を変えて個人を強調するようになりました。

そのために、社会のためとか国家のために尽くす官僚が少なくなったのは当然でもあります。官僚が自分たちのことしか考えないというのは日本の教育の成果なので、それに応じた行政システムが必要なのでしょう。

対象となることが小さければ、それでもなんとかなるのですが、原子力とか軍事のように非常に大きくなると、どうしても国家単位で考えなければなりません。そこでは、身を捨てて国を守るという考えがいるようにも思えます。

つまり、すでにお上は変わっているのに、庶民はいまだにお上を信用しているという状態がひずみを生んでいると考えられます。

昔に戻ることなく、さらに前進した原発などの安全な推進に役立つシステムを構築する時代でしょう。

9 地震の対策を十分にすると、原子力発電所の建設費が高くなり、ひいては電気料が高くなること

企業が安く設備をつくりたいというのは、常にある欲求ですから、例をあげようとするといくらでもありますが、ここでは今回の事故にもっとも関係のあることを一つあげたいと思います。

ある場所に原発をつくろうとすると、電力会社は下調べをし、地元に打診し、国と協議し、さまざまな努力をして立地を絞り込んでいきます。

ある程度、原発の立地候補が決まると、そこで将来起こる地震の強さを地震学者に推定してもらいます。

そのときにある地震学者が震度7といい、別の地震学者が震度6というと、電力会社は震度7と予想した学者にご遠慮いただき、震度6を主張した学者を、立地を決める委員会に呼ぶのです。

このことは、地震を専門とする東京大学大学院のゲラー教授が明確に述べておられますし、著者自身も、地震についてはこのような経験はありませんが、他のことで類似の経験をしています。

著者は原子力推進派ですが、さらにいえば「安全な原子力推進派」です。安全な原子力を推進しようとすると、震度6を予想する学者よりも震度7という学者の説に従っておいたほうが、安全な原子炉ができますから好ましいと思います。

しかし、現実には目先のコストを問題にして地震の震度を低めにいってもらい、それによって耐震設計を緩くするという傾向があるのです。

原子力の施設というのは、普通の設備よりもきわめて高くつくのですが、それは核爆発をコントロールすることが必要ですので、安全上、高い信頼性を必要とするからです。

しかし、それは原子炉、格納容器等の中心部に限られ、周辺部分については一般的な設備のコストとそれほど変わるわけではありません。

現実にも、原子炉や格納容器等の中心部分はきわめて堅固につくられていて、地震に対しても強いのです。

今回の福島原発や新潟の柏崎刈羽原発の損傷の例で見られるように、原子炉や格納容器が地震で破壊されるのではなく、周辺の機器が地震で破損して、それが原発の致命傷になるということですから、それほどコスト高にならなくても、耐震設計を上げることができるのです。

なぜ合理的な方向に進まないのかというと、これも原発をつくるための巨大な組織の欠点が出ます。つまり、あまりに多くの人が参加するので部分的には若干合理的に見えても総合的に見ると不合理だという議論がなかなか行きわたらないのです。

原子炉や格納容器はともかく、周辺機器もできるだけ低いコストでつくるという方針になりがちで、結果的に周辺機器の耐震性が下がるということが起こるのです。

事実、柏崎刈羽原発で外部の変電所が火災に遭ったり、今回の福島原発でも周辺の電源系や非常用電源のディーゼル発電機が動かなくなって原子炉の冷却ができなくなったというのはこのことを如実に示しています。

原発を持つまでには成熟していない日本社会

第2章で福島原発の事故の原因を整理しようとして書き始めました。そうして書き終わった後、見直してみると非常に奇妙なことに気がつきました。

著者は技術者ですが、福島原発の事故の原因で技術的な欠陥は、今のところ見当たらないのです。それは震度6の地震と一〇メートルの津波に耐えられない建築物と機器を使ったからですが、日本の技術なら震度7の地震と二〇メートルの津波に耐えられる原発をつくることは容易だからです。

実際、中部電力の浜岡原子力発電所は震度7にも耐えられるようになっています。また津波を避ける方法は比較的簡単ですので、津波に耐えられないこともないのです。

ましてて非常用のディーゼル発電機や、非常用に電機のいらない屋上タンクをつくり、そこから水を供給するというシステムをつくるにしても、十分に可能だからです。

技術的な欠陥を探しながら第2章を書き進めていくと、今回の福島原発の事故の原因として「技術的な欠陥」がまったく見あたらず、「運転のミス」もなく、巨大技術の二大原因とはまったく違うところに着地してしまったのです。

特に最後のところには江戸時代の日本を書かなければならなくなったのですが、著者としては強い違和感があります。

原発はなんといっても現代的な技術の産物であり、そこには江戸時代の風景や役人の縦割り行政等はあまり関係ないはずなのです。

技術的な問題といえば、最近になって技術者の専門性が高まり、全体を見にくくなったということはあります。しかし、それは組織力でカバーすることができるものですから、やはり原発事故の問題の中心ではありません。中心はやはりそれとはまったく違うようです。

奇妙な結論ですが、第2章を整理した感想は、

「福島原発はわざと地震や津波で破壊するようにつくったのではないか」

という印象が強いのです。

もちろん原子力を仕事にしている人は、原発が破壊されることを望んでいるはずはありません。しかし現実には、そのように見えるのです。

福島第一原発一号機は、かなり建設から時間が経っていますが、コンクリートや鉄骨は、問題ありませんでした。事実、地震でも倒壊していません。

一方、個別の機器にも問題があったわけではありません。古くなったからダメになるということは、一般的な感覚ですが、プラントではきちんとメンテナンスをしていれば故障率こそ少し上がりますが、操業の安定性が低くなるということはありません。

一号機は、水素爆発で建物が破壊されていますが、内部の原子炉は破壊されていません。壊れたのは、むしろ震度５～６という設計の問題と、津波によって電気系統が打撃を受けたことに原因しています。

かつて、日本が大東亜戦争に突入し、やがて敗戦を迎えて東京裁判が行われたときに、日本の指導者がアメリカの検事に「なぜ戦争をしたのか」と聞かれ、その理由を明確に答えられなかったということを思い出します。

つまり、一人一人は原発を安全に動かしたいと思っているのですが、全体の組織やタブーなどによって違う方向に行ってしまったように思えます。

このことは第3章の下書きをしたときにも感じました。第3章では放射線と人間の健康の関係も取り扱いますが、事故が起こる前までにさんざん議論して決めた基準をいとも簡単に捨てたりしています。それを見ると、一人一人の人はそれなりの知識や信念を持っているのですが、それが日本社会という全体の枠の中に入ると思わぬ方向に暴走してしまったというふうに見えるからです。

第3章を書き終わったときに、どのような感想を持つかわかりませんが、第2章を書き終わった現在の気持ちは、

「どうも日本社会というものは、原発という巨大技術を持つまでには成熟していないのではないか」

というものです。

巨大技術は技術だけで成立するものではなく、その技術をサポートする社会があってこそのことです。今回の原発事故はそれを強く感じさせるものでした。

第3章　どうすれば身を守れるのか？

残留放射線は三〇年間、その土地に残る

二〇〇八年八月六日、ＮＨＫスペシャルで「見過ごされた被爆～残留放射線　63年後の真実」という放送があり、かなりの注目を集めました。広島・長崎では、核爆弾を投下されて最初の熱風で多くの方が亡くなりましたが、その後、広島・長崎や周辺の場所で核爆発の結果できた放射性物質が残留し、その被爆によって打撃を受けた人の記録でした。

爆弾を落とされたときには広島・長崎にはいなかったけれども、その後、救援等で市の中に入り、残留した放射線によって障害を受けた人の数は約一一万人と報道されました。この人たちの症状は白血病や重複ガンなど直接、原爆によって被爆したと同じでした。しかし、直接原爆に触れていないということで被害の申請をしてもなかなか原爆による被害と認められなかったわけです。

アメリカ軍が当初、予想したよりも広島・長崎で残留した放射線が多かったのは、広島・長崎は砂漠ではなく、人間が住んでいるところだったということも原因していると考えられています。

つまり、人間が被爆をしますと、その衣服を焼いたり、遺体を荼毘《だび》にふすのですが、放射性物質は焼却してもまったく変わらず、なくなりません。

放射性物質は焼却炉の煙突から出てまた地上に戻るからです。

福島原発は核爆発をコントロールして電気を起こしているわけですから、そこで発生する放射性物質は広島・長崎で出た放射性物質と同じです。

つまり、今後、福島原発からの放射性物質を浴びた地域は、長い間、残留する放射性物質が存在するということを示しています。

この残留放射線の問題をもう一つの面から見てみましょう。

日本では原発から出る核廃棄物を処理する技術が進んでいますが、ある委員会での発言の要旨をわかりやすく示します。

「ウラン２３５が核爆発して、熱を出し電気をつくるときに発生する核分裂生成物の放射線は、最初にウラン２３５が持っていた放射能の約一億倍になります。

この核分裂生成物の放射能が、もとのウラン２３５の放射能のレベルまでに下がるには一〇万年かかり、さらに、燃料そのもののレベルになるには三〇〇万年かかる」と発言されています（二〇〇一年九月のある研究会）。

そこでこの研究会では、「放射性廃棄物を人間環境から隔離しなければならない期間は、今まで一〇万年を目安にしていたけれども、隔離期間の一〇万年は短いのではないか」という発言が続いています。

つまり、原子炉から出る放射性廃棄物はなかなか放射線が下がらないので、少なくとも一〇万年程度はどこか人間とまったく違うところに隔離しておかなければならないというのが「核廃棄物処理に携わる技術者」の考えなのです。

福島原発は、水素爆発によって原子炉の中でつくられた核分裂生成物が大気中に飛び、それが風にのって福島県を中心とした地域を汚染したということです。

科学的に正確に表現すれば、人間の環境から一〇万年は隔離しておかなければならないという核分裂生成物を、少し薄めて福島県などの大地に蒔《ま》いたと考えてもらったらいいと思います。

「残留放射線」が怖いのはこのことです。

つまり、原子炉からの核分裂生成物は容易にはなくならず、ごく普通の環境では、一〇万年も隔離しておかなければならないものだということなのです。

子どもにどれだけ影響が残るか

まず原理原則を説明しておきます。

核分裂生成物にはヨウ素のように半減期の短いものと、セシウムやストロンチウムのように半減期が三〇年ぐらいのものがあります。その他、無限といっていいほど多くの核分裂生成物ができ、その中にはトリウムの一四〇億年などのように天文学的な半減期を持つものすらあります。これらが複雑に絡みあっていますので、「核分裂生成物の半減期は三〇年ぐらい」ととらえるのがよいでしょう。

次に、現実にどのぐらいのスピードで放射線が減っていくかについては簡単な目安があります。それは、

（１）最初の四日で一〇〇〇分の一
（２）次の四ヶ月でさらに一〇分の一
（３）それからはあまり減らない

ということです。

最初の四日では一秒以下の半減期を持つようなものがどんどん崩壊してなくなっていきます。原発から漏れて空気中を飛び、雨が降ってどこかに落ちてくる頃には、おおよそ四日ぐらい経っていますから、最初の一〇〇〇分の一はあまり意識する必要はありません。むしろ物理学者などが興味を持つ時間です。

私たちに問題なのは、次の一〇分の一になる期間です。文科省等から各地の「汚染度」が発表された数値は、約四ヶ月以内に一〇分の一になることを示しています。

たとえば、福島市の最初の汚染度は二〇マイクロシーベルトぐらいでしたから、四ヶ月以内に徐々に減少して二マイクロシーベルトぐらいに落ち着くと考えられます。

ただ、文科省の発表は、体の外からの被ばくだけですので、体内被ばくがそれと同じぐらい、さらには水や食材から取り込まれる放射線が、これもまた同じぐらいですから、二マイクロシーベルトというのは、三倍の六マイクロシーベルトぐらいになるでしょう。

それが徐々に落ち着いて、三〇年間で半分になるということです。

これを「残留放射線」といいます。

原子炉からの核燃料の処分では、「人間環境」の外、つまり地下三〇〇メートルぐらいに倉庫をつくってそこに格納しておくのですが、福島原発事故で漏れた放射性物質は地表に存在するので、そこから我々は逃げることができません。

特に子どもたちはこれから何十年と日本の国土の上で住むわけですから、残留放射線でどのくらいの被ばくを受けるかは私たちの非常に大きな関心事なのです。

著者は福島原発の事故が起こった直後からブログを使ってできるだけ被ばくを避けるように訴えてきました。

これまでの原爆や大きな原発事故を見ますと、一気に爆発したときには、最初の一ヶ月で、長く時間が経った後の全体の被ばく量の九五％を被ばくする場合があります。

今回のように、何回かに分けて水素爆発をして放射線が漏れた場合でも、おそらく最初の一ヶ月で七〇％とか八〇％の被ばくを受けることになりますので、最初だけでもできるだけ被ばくしないようなところに、避けていたほうがよいと考えたからです。

その意味で「初動避難」がとても大切だったのです。

しかしその時期、政府やＮＨＫは繰り返し、

「放射線は検出されているけども、ただちに健康に影響はない」

と発言し、「危険である」という人は「危険を煽る人だ」と批判してきました。

「ただちに健康に影響がない」という表現は間違っていません。つまり、漏れた放射線自

体は弱いので、ただちに目に見える健康に影響が出るようなものではありませんでした。
しかし、残留放射線のことを考えると、最初の段階で放射線の被ばくをできるだけ避けておくことが、これから何十年と受ける残留放射線の影響を小さくするのに役立つのです。

短期的・長期的な残留汚染の影響

それでは、ここから、今回の放射線漏れが住民に与えるであろう、短期的、長期的な影響を整理します。まず事実を確認しておきたいと思います。

次ページの表は「どのぐらい放射線を浴びてよいか」ということについて、国際基準、国内の法律の規制（放射線障害を防止する法律と規則（本当の名前は長い））、それに福島原発でテレビに多く出た専門家のコメントを整理したものです。

放射線の被ばくに対する規制は、まず基本的に国際的に勧告されます。これは国際的に移動する人もあり、食品や家具などの輸入や輸出がありますから、国によって大きく違うと安全ではなくなるからです。

放射線の防護の基準を決める国際的な機関は、ＩＣＲＰ（国際放射線防護委員会）と呼

対象者など	1時間当たりの限度（μSv/h）		法律など	規制の表現
	1年間続く	1ヶ月で終わり		
一般人の目安	0.1	1.2	国際勧告	1mSv/y
管理区域	0.6	7.2	障害防止規則	1.3mSv/3m
放射線作業者（男性）限度	5.7	68.4	障害防止規則	50mSv/y
放射線作業者（女性）限度	2.3	27.6	障害防止規則	5mSv/3m
妊婦の内部被ばく限度	0.5	6.0	障害防止規則	1mSv/7m
テレビの専門家のコメント	138.9	1666.8	なし	100mSv/m

単位の表記　μSv：マイクロシーベルト、mSv：ミリシーベルト
h：1時間、y：年、3m：3ヶ月、7m：7ヶ月、m：1ヶ月
＊7mは妊娠してから出産までの7ヶ月としています

ばれるところです。学者の団体で国連とは関係がありませんが、もっとも権威が高く実質的には各国がこの勧告に従っています。

委員会から定期的に勧告が出るのですが、最近の大きな勧告は一九九〇年のもので、一年間に一般人が浴びる量を約一ミリシーベルト（mSv／y）としています。しかしはっきりと一・〇という数字を確定しているわけではなく、おおよそ一にするといっています。もう少し断定的に勧告している数値は、仕事で放射線を使い、その人の被ばく量をチェックしたり、健康診断をするような人たちに対して、一般人はその一〇分の一にすることを求めています。

ＩＣＲＰが一般人に対する被ばく線量に対してやや幅のあることをいっているものですから、テレビの解説者の中では、この基準はおおよそのものを示すものであるといっていますが、そういう意味ではなく、世界各国には経済発展などいろいろな差がありますから、おおよその基準を示しているのです。

でも、実際には先進国はＩＣＲＰより厳しく規制している場合が多いのです。

それはともかくとして、日本では被ばくした量を測定し、日常的に健康診断をして管理している男性が一年間に受けてよい放射線量は、継続する場合は一年に二〇ミリシーベルト、一年だけなら五〇ミリシーベルトと定められています。

これにＩＣＲＰの概念、つまり「一般人は、職業的に被ばくする人の一〇分の一」というのを適応しますと、二ミリシーベルトから五ミリシーベルトになります。

しかし先進国の基準から大きく外れて日本だけ一般人の基準を五ミリにするわけにはいかないので、日本も勧告に従って一年に一ミリシーベルトを採用しています。

日本の放射線の被ばくに関するもっとも整った法律および規則は、放射線の障害を防止するための法律とその規則で、そこでは細かく被ばくしてよい量が規定されています。

「管理区域」をなぜ設定しないのか

まず、日本の放射線に関する防護の第一の重要な概念は、「管理区域」という概念です。

放射線の仕事をさせる場合、事業所はその責任においてある一定以上の放射線がある地域を管理区域として設定し、そこに出入りする人を特定するとともに、被ばくする線量を記録し、また常時そこで作業する人については健康診断を行うようになっています。

つまり日本の概念では、放射線というものを取り扱うところは特別のマークを貼って、その場所は普通のところと違うものとして管理しなければならないということになっているのです。ときどき、研究所などに行くと「放射線のマーク」が窓に貼りつけてあるところがありますので、見た方もあると思います。そのマークによって一般の人は目に見えない放射線から身を守ることができるという考え方です。

ところが今度の福島原発の放射線漏れでは、その範囲があまりに広範囲だったので、「管理区域」という概念そのものが出てきませんでした。

しかし福島県の多くの場所は放射線の強さからいって管理区域に設定する必要がある場所でした。管理区域とは三ヶ月に一・三ミリシーベルト（mSv／3m）以上になるおそれのあるところで、これを一時間当たりに直しますと、〇・六マイクロシーベルト（μSv／h）になります。

これに対して、日本の自然の放射線の量は、一年間に一・四ミリシーベルト（mSv／y）ですから、一時間当たりに直せば〇・一六マイクロシーベルトになります。すなわち、管理区域は自然放射線の四倍程度になる場合、管理をしなさいとしているのです。

著者は、従来から放射線の基準については少し厳しすぎるのではないかという個人的な見解を持っていました。しかし一連の放射線の強さの規制については国内でも専門家が十分に議論をし、国際的にも五〇年前から修正に修正を加えられてきたものですから、個人的に規制値を評価することは危険ですので、著者も厳密に基準に従って活動をしています。

一ヶ月に二八八回も胸のレントゲンを浴びた計算

今回の福島原発の事故の最初の頃、福島市で一時間に二〇マイクロシーベルトの放射線が観測されました。これに対してテレビに出ていたある東大の先生は、「一回のレントゲンで六〇〇マイクロシーベルトだから、それの三〇分の一にしかすぎない。問題にならないほど放射線は弱い」とコメントしました。

私はこれを聞いて、かけ算もできない東大の先生もいるのだと思いました。

福島市で観測された二〇マイクロシーベルトという値は一時間当たりです。したがって、三〇時間被ばくしますと、一回のレントゲンにあたる六〇〇マイクロシーベルトになります。三〇時間というと、一日ちょっとですから、今日レントゲンを撮ったら明日か明後日にまたレントゲンということになるのです。

計算をすると、一ヶ月に二四回のレントゲンを受けるのと同じ放射線です。

著者がそう反論したら、今度は「それは二四時間外にいるときの話で、家の中にいれば一〇分の一になる」というのです。

密閉した家にいたら一〇分の一なるというのは事実ですが、窓を開けて換気をすれば、外の空気と家の中の空気が入れ替わりますから、密閉にはなりません。また洗濯物を干すためにベランダの窓を開ければ部屋の空気はほとんど入れ替わってしまいます。

夜はそれほど外の空気とは交換しませんが、それでもせいぜい二分の一ぐらいに減るというところです。

そうすると、一ヶ月に一二回程度のレントゲンを受けるということになりますが、その先生は自分の娘に一ヶ月に一二回もレントゲンを受けさせるでしょうか。

これをまったく問題ないという専門家は危険なことをいう人といえるでしょう。

なお、一回のレントゲン撮影が六〇〇マイクロシーベルトというのは「胃のレントゲン」のことで、「胸のレントゲン」の場合は五〇マイクロシーベルトですから、当時の福島市の人は二時間半ごとに胸のレントゲンを浴びていたことになります。

また胃のレントゲンも胸のレントゲンも、感度の高い腹部を隠して行われますし、赤ちゃんの場合はさらに注意をします。

だから、一ヶ月に二八八回も胸のレントゲンを受けるような放射線を「安全だ」というのはあまりに無謀のように思います。

このように福島原発事故の最初の頃には、学問的によくわかっていない専門家が出てきてさまざまな間違った発言を行いました。また、官房長官が放射線の強さを発表するたびに「ただちに健康に影響の出ることはない」と繰り返しました。

もちろん放射線による障害は特別な場合を除き、急に病気になったり死んだりすることはありません。おもには遺伝子の損傷ですから、蓄積した放射線によるものなのです。

もしも摂取したらただちに健康に影響がなければ問題ではないというのなら、「たばこを吸ってもただちに健康に影響がない」、「発ガン物質を含んだ食品を食べてもただちに健康に影響がない」ということになり、まったく常識に反するものです。

このように「どのぐらいの放射線が問題か」というのは被ばくする時間によります。一時間だけ浴びる人、一日だけ浴びる人、一ヶ月ぐらいは続くと思う人、一年は続くと思う人によって違います。

その点では、韓国では「一時間当たり」ではなく、「一年当たり」で示しています。それで計算すると福島で最初に観測された値は、一七五ミリシーベルトになり、胃のレントゲンと比べても約三〇〇倍も遭ったのです。つまり日本の専門家が「一時間当たり」でいうか、「一年当たり」で説明するかで、これほどの違いがあるのです。

専門家のいう「安全だ」はあてにならない

後に「残留放射線」の影響を考えるときに大切ですから、一二七ページの表を少し詳しく説明しておきます。まず、表の一行目の一般人の目安は国際勧告で共通的に言われているものです。日本もこれにしたがっていますし、日本にいる外国人もこの基準です。

国際勧告では、かならずしも年に一ミリシーベルトでなくてもよいけれど、仕事をしていて管理されている人の一〇分の一にはしなければならないと言っています。

一〇分の一ですから、正確にいうと「男性は一ミリから五ミリの範囲」、「女性（妊婦を含む）は一ミリかそれ以下」ということです。また妊娠する可能性のない女性（子どもを除く）が男性と同じか、少し違うかは議論が終わっていません。

表の二行目の管理区域の数値は、個人の問題ではなく職場とか自治体が関係する人を守るためにやらなければならないことです。

つまり、一時間当たり〇・六マイクロシーベルト（μSv／h）を超えるおそれのあるところは、職場や自治体が管理区域を設定し、その人の「被ばくした記録をとること」と、「健康診断をすること」が求められています。

今の福島市などは明らかに管理義務のある放射線の強さですから、福島市は（現実にできるかどうかは別にして）、市民にフィルムバッジを配り、健康診断をする地域です。

表の五行目は妊婦の内部被ばく、つまりホウレンソウ等を食べたり、水を飲んだりしたときの体内の被ばくの限度を示しています。

「限度」ですから、法律的にはこれ以上、被ばくさせると管理者の罪になる数値です。女性は妊娠しているかどうか一般的にはすぐわかりませんので、女性作業員は妊娠している可能性のある人としています。小さい子どももこれに準じてよいでしょう。

さらに六行目には地震が起きてからテレビに登場した大学の先生や専門家がこの程度なら安全だといっていた数値を参考までに掲げました。

私はこのような数字には法律的な根拠はなく、個人的な判断だと思いますが、ほとんどのテレビに出る専門家が口をそろえていっていますので、ここに示しておきましたが、今回の事故で、専門家の人が国際勧告や日本の法律を無視している真意は著者にはわかりません。

具体的な放射線量を書く

次に、現実に福島原発の事故が起きてから、その近くの地域はどのくらいの放射線量だったのでしょうか？　それを次ページに表にして示しました。この表は原発の事故が起こってから一週間目に著者が計算してブログに掲載したものです。だから、一週間目の値は確定していますが、この本が出版される一ヶ月後の値は「推定値」です。

でも、ここで推定値を残したのには理由があるので、削除せずに示しました。

また、あらかじめ断っておかなければならないのは、原発事故が起こって文科省が発表した数字は「体外からの被ばく」だけだという点です。

すでにＩＣＲＰの勧告にそって「放射線の強さ」をいうときには、体内と体外を合わせた実効線量というものを表示しなければならなかったのですが、普段は、そのことを厳しく指導していた当の文科省が、今回は体外被ばくだけを表示したので、これも混乱の一つになったのです。

チェルノブイリの経験から、「体外被ばく」と「体内被ばく」の量はほぼ同じなので、

福島原発事故による放射線の被ばく量の計算値

地域	事故後		その後の推定値	
	外から	食物・水など	1週間後	1ヶ月後
福島県（最高値）	600.0	1.0	301.0	155.0
福島市	20.0	1.0	11.0	10.0
福島、茨城、宮城の一部	6.0	1.0	4.0	6.5
東京と周辺地域	2.0	1.0	2.0	5.5

（単位はすべて1時間当たりのマイクロシーベルト）

表では、次に説明する文科省の発表した数値を二倍にしています。

まず、環境からの被ばくの合計は「体の外側から受けるもの」と、「吸い込んだ放射性物質によって体の内側から受けるもの」があります。

体の外側から受ける値は、すでにいろいろなところで発表されているように、福島県のもっとも多いところで一時間に三〇〇（マイクロシーベルト、表では二倍にして六〇〇としてあります）、福島市が一〇から二〇ぐらいです。ここでは落ち着いた状態で観測された一〇をとりました（表では同じく体内被ばくの一〇を加えて二〇にしてあります）。

また、福島、茨城、宮城など福島原発から近いところは、おおよそ三ぐらいの値が報告されています。同じ福島といっても距離も遠く風上に当たる会津地方などは値が低い状態が続きました。

東京とその周辺の値は正確に示すのが非常に難しいのです。もともと地域が広いこと、人の移動が長距離であることなどがあります。ここではほぼピーク値だった一・〇としています。ややこしくなるのは文科省が「体外被ばく」だけを発表したことにあります。

食物や水などは住んでいるところや、生活の仕方によっても大きく変わるので、一・〇としています。また、時間が経つと徐々に外部から受ける放射線と食品などから受ける放射線が同じようになり、原発から遠いところは食品などの比率が上がってきますから、外部からの放射線の影響が相対的には小さくなります。

「一週間後」の被ばく量の計算は受ける被ばく量を二分の一にし（室内補正）、食品や自ら受ける被ばく量はそのまま足しています。空気中に漂う放射性物質からの被ばく量は、テレビで「家の中に入れば一〇の一」と解説されていますが、それは一日中家の中にいて換気を一切しない状態のことをいっています。

福島原発から飛んできた放射性物質は比較的空気中に浮遊しているということを考えると、窓を開けて一度換気してしまえば部屋の中は外と同じになります。一日中換気をしないということはあまりありませんし、また、はき出し窓を開けてベランダに出て、そこで洗濯物を干したりしますと、そのときに部屋の中の空気は入れ替わってしまいます。

空気が入れ替わるばかりではなくて、当然空気中に浮いている放射性物質も一緒に入ってくるわけですから家の中と外とがそれほど違うという状態をつくることはできません。そこで、この計算では家の中の状態は外よりも放射線が二分の一としました。つまり昼はある程度換気しますが、夜は閉め切って寝るということを想定しています。

また台所でガスを使うときに、換気しなければ中毒で死んでしまうこともあります。換気扇をつければそれだけ空気が外に出ていきますが、同じ量の空気が外から入ってきます。そのときに外からの空気がフィルター等を通して入ってくる場合は別ですが、一般の家庭では隙間から入ってくるのでやはり外の空気とほとんど同じようになると思います。

食品の残留汚染はどれだけなのか

次に、ホウレンソウなどの食品や水が放射性物質に汚染されているとき、食べたときにどのくらい被ばくを受けるかという計算は非常に難しい計算です。

これを詳しく説明しますと、ヨウ素は甲状腺にたまり、特に小児が影響を受けますし、ストロンチウムは骨にたまりがちです。一方、ウランなどは体内に取り込まれず排出される傾向にあります。このように、個別の元素でも違うので、あまり正確に計算しようとすると、本当に専門家でなければ理解できなくなります。

そこで、ここでは最初に政府が発表した汚染されたホウレンソウが一キログラム当たり二四〇〇マイクロシーベルトでしたので、これを使いました。もともとはベクレルという単位で表記されます。

また、体の中の被ばくは時間当たりではなくグラム単位ですが、一日にホウレンソウを一〇〇グラム食べたとして二四時間で割って時間当たりの値を出しています。

この計算では福島市に住んでいる人は、最初の一週間では地域の放射線の被ばく量が二〇マイクロシーベルトと大きいので、それを部屋の中にいる時間を考えて二分の一にして、それに食品の一を足すと合計で一一になります。

これに対して東京の人は地域の放射線が低いので二の半分の一に食品からの一を足して約二マイクロシーベルトになります。つまり、食品や水が汚染されてくると、だんだん地域の差がなくなってくるということを示しています。

このようにして最初の一週間の被ばく量を計算しますと、福島県で放射線が強いところで一時間当たり約三〇一マイクロシーベルト、福島市で一一マイクロシーベルト、周辺の県で四マイクロシーベルト、そして東京等が二マイクロシーベルトでした。

この値を規制値と比較すると、福島市や福島、茨城、宮城の一部は「管理区域」の放射線量になっていたことがわかります。

次に一ヶ月後の推定値ですが、福島原発事故の場合、原爆やチェルノブイリのように一度で放射線が漏れたのではなく、数回にわたって環境に出たので、一ヶ月後の放射線の濃度を最初の一週間の二分の一にしてあります。

また、地域に降り積もった放射性物質が徐々に水、食品などに取り込まれていきますから、最初「ホウレンソウ」だけだった汚染源が、水、野菜全体、牛乳などにも広がります。そこで食品などからの被ばく量を最初の一週間の一〇倍にしてあります。

そうすると、福島市などは若干、下がりますが、東京は二倍程度になります。つまり、時間が経つと近いところの被ばく量が減って、東京など少し離れているところの被ばく量が上がります。これは水や食材などから受ける被ばくが増えるからです。

今後、東京やそれぞれの地域は安全なのか

さて、ここまで準備をしたので、いったい、福島は今後、どうなってしまうのか。東日本は汚染されて使えなくなってしまうのか。

具体的に計算をしてみます。最初に漏洩した放射線は福島市で一時間当たり二〇マイクロシーベルト（外部のみ）でしたから、この値を基準に今後の推定をします。

福島市は福島原発から五〇キロメートルぐらいにあり、一〇〇キロ圏にある仙台、山形、

米沢、会津若松、白河などのちょうど真ん中にあるからです。

福島市のことをよく検討したら、おおよそこの地域の状態がわかるからです。

福島市の汚染は、最初の四日で二〇マイクロシーベルトですから、四ヶ月経ったところで、一〇分の一の二マイクロシーベルトになると計算できます。

この二マイクロシーベルトというのは当面、あまり安定しない可能性もあります。つまり、風の向き、福島原発の近くの土壌から今後、風で巻き上がってくる放射性物質、人間などを通じて排泄されるものなどがあるからです。

しかし、厳密な計算は時間とともにできるようになりますから、ここでは四ヶ月で一〇分の一という単純な数を使いたいと思います。二マイクロシーベルトが、「半減期」で一マイクロシーベルトになるのは三〇年後ですが、実際には海に流れたりしますから、これまでの経験では一〇年ぐらいで半分になると考えられます。

また、二マイクロシーベルトは「空中から受ける被ばく」で、体内に入った放射性物質からの被ばくがほぼ同じ量ですから、それが二マイクロシーベルト。それに水や食材からの被ばくを同じ量とすると、合計で一時間当たり六マイクロシーベルトになります。

この量は一年間続くので、最初の一年間の被ばく量は、五三ミリシーベルトになります。

これが一〇年続きますと、五三〇ミリシーベルトになり、さらに次の一〇年がその半分の二六〇ミリシーベルト、さらにその次の一〇年で一三〇ミリシーベルトの被ばくをすることになります。つまり、今、生まれたばかりの赤ちゃんは、三〇歳になるまで、九二〇ミリシーベルトの被ばくをすることになります。

まず、この量を単純に、

（1）ICRP勧告値：一ミリシーベルト

（2）一回の胸のレントゲン：五〇マイクロシーベルト

と比較してみます。

まず、ICRPの勧告に比較すると約九〇〇倍の被ばく量になります。

次に、胸のレントゲンを三〇年で約二万回受けることにもなります。つまり一年で約七〇〇回のレントゲンを三〇年、受け続けるともいえます。

このような計算結果をどのように評価するかは、人によって違うでしょう。

国際放射線防護委員会は、一般人の基準が一年間一ミリシーベルトを勧告しているのですから、とうてい、許すことのできない放射線量という評価をするでしょう。

また、お医者さんは、赤ちゃんに胸のレントゲンを一年で約七〇〇回も撮り続けるということはありませんから、これも非常に大きな値だと思います。

参考までに東京の場合を計算してみますと、東京は変動していて、事故から一〇日過ぎた時点で、新宿の外部からの放射線が〇・一マイクロシーベルトでした。したがって体内被ばくの〇・一、水・魚・野菜などからの〇・一、それぞれを加えて〇・三マイクロシーベルトとすると、それが四ヶ月経つと一〇分の一になり、一時間に〇・〇三マイクロシーベルトになります。これが最初の一年間で福島市の二〇〇分の一になり〇・二七ミリマイクロシーベルト、一〇年間で二・七ミリシーベルトになり、三〇年間では四・六ミリシーベルトの被ばくを受けます。

余計な放射線を浴びることはそれだけ放射線による危険が増えます。

ところで、仙台、山形、会津若松、白河などの一〇〇キロ圏内では、一時間に二マイクロシーベルトぐらいが観測されていますので、先に示した福島市の一〇分の一ぐらいと考えられます。

また、郡山市、いわき市も原発から五〇キロ付近にありますが、風の向きなしで大きく変化し、いちがいに距離で整理できないのも事実で、これらの市はおおよそ、福島市と一〇〇キロ付近にある市との中間的な値が出ています。

著者はこの量は決して無視できない放射線の影響を与えると思いますが、学者によってはいろいろな意見があり、この程度では大丈夫という考えがあることも確かです。

ここは読者の方が個別にご判断をしていただきたいと思います。

煮ても焼いても放射性物質の量はまったく変わらない

それよりも重要なことは、いったん、今回の事故のように原発が水素爆発などを起こすと一〇〇キロ圏内はこのような状態になるということです。

そしてその影響が三〇年程度は続くということを私たちは、はっきりと認識しておかなければなりません。

福島原発から出た放射性物質の多くは、目にも見えないような小さな粒状のものです。

原子炉が水素爆発をしたり、原子力から水素が漏れたりすると、その粒状のものがその中に紛れ込んでふわーっと上空に上がります。

上空に上がった放射性物質は、幸いなことに、今回ほとんどが太平洋上に流れましたが、一部は風の刺激で陸上のほうに入ったのです。今後は、春夏秋冬で風の向きが変わりますから、それによって、あるいはもう少し日本列島の内部へ侵入するかもしれません。

福島原発から出た放射性物質の一部は西北の方に移動し、福島市に行くまでの途中の市町村で落下し、さらに福島市で降下しました。福島市に降下するということは、放射性物質の粒子が空気中にも漂っていますし、樹木の葉や壁、それに道路等にも付着します。

人間がそこから直接的に受ける放射線は、外部放射線と呼ばれますが、これが福島市で最初の段階で二〇マイクロシーベルトだったということです。

しかし、空気中に目に見えない小さな粒子として存在するので、人はどうしてもそれを呼吸のときに吸ってしまいます。

このことを防ぐために、窓を閉めておいたらよいということがいえますが、前に書いたように窓を一回開けて換気すれば、目に見えない粒子も空気と一緒に入ってきますので、家の中と外とは同じになってしまいます。このように原発が一度、爆発すると、どうしても、体の中に放射性物質が入るのはやむを得ないのです。

また放射性物質は野菜や牛の肺の中、そして水道の水を取っている川にも降り注ぎますから、その結果、野菜や牛乳、水道水も汚染されます。

時間が経つと、やがて放射性物質を含んだ空気を吸ったニワトリの鶏肉が放射性物質を含むことになり、土壌にしみ込んだ放射性物質を取り込んだネギやジャガイモ等も汚染されることになります。

放射性物質は徐々に広がります。人体に入り込んだ放射性物質は、やがて尿などとなって下水に行きます。下水は最終的に下水処理場を経て川や海に流れますが、放射性物質の問題点は、煮たり焼いたり、化学薬品で処理をしても、その量はまったく変わらないということです。

つまり、一度、汚染されたらどんなことをしても、その量は変わらず、徐々に広がっていくというのが放射性物質の汚染の特徴なのです。

まさに「残留放射線」、「残留汚染」とはこのことをいいます。

日本の土地や海が汚染された現実

私たちは、福島原発を中心とする半径一〇〇キロの日本の土地はすっかり放射性物質で汚れてしまったという現実を真正面から見る必要があります。

その量は、場所によってかなり違いますが、一年にレントゲンを数十回受けるぐらいの汚染になったということです。

それは人間ばかりでなく、動物も植物も土も同じ被害を受けたということを知らなければなりません。

さらに、福島原発二号機から、高濃度の放射性物質を含む水が直接、海に流れ出し、さらには「低レベル汚染水」をポンプで海に投入するまでになりました。「低レベル」と言っても、通常運転時に原子力施設で許される水の実に一〇〇〇倍の汚染でした。

このことは漁業の人はもとより、釣り、サーフィン、そして海水浴など海を利用し、海で楽しむ人に大きな打撃を与えるでしょう。

それだけにとどまりません。著者は「東電が汚染水を海に投入する」というニュースを聞いた印象は「まずい。できれば日本の国土で処理したかった」ということでした。福島原発事故は日本が起こした事故です。その汚染を「自らの行動（ポンプで汚染水を海に投入する）で他の国に影響を及ぼす」というのは絶対にやってはいけないことなのです。

この衝撃は、直接的な農作物、魚などにとどまらず、国際的な信用を失ったという点で「物理的に大地を汚した」より、さらに大きな禍根を残したと考えられます。せめて、陸側にピット（プール）を作り、そこに送ることはできなかったのか、と残念に思います。

もともと、陸地（たとえば福岡県）に比べると、太平洋は広いので、注意さえすれば問題になるような量を放出することにはならなかったでしょう。

準備不足というのは、原発事故のような場合、このようにいかに厳しい結果になるかを端的に示しています。

ところで、このようなことを説明すると、広島の原爆での残留放射線の影響は少なかったのではないか、問題になったのはたった一一万人だったという話が出てきます。

しかし、広島の原爆で使用されたウラン２３５は数十キログラムですが、福島原発の燃料装荷量は一号機が六九トン、二号機から四号機がそれぞれ九四トンですから、合計で三五一トンです。

原爆に使うウラン２３５は純度が約九〇％、原子炉に使われるのが約四％ですから、原爆のウラン２３５は数十キログラムに過ぎませんが、福島原発には一四トン、つまり広島原爆の数百倍ものウラン２３５があるのです。

もちろん、原爆と原発では、一度に核爆発させることと、ゆっくり爆発させることとの差がありますし、完全に分裂してしまうかどうかも差があります。しかし、一つの核分裂でできる放射性物質はどちらも同じですから、原理的にはできるだけウラン２３５を効率的に使おうとすれば、重さに比例した放射性物質ができるのです。

ということは、「原爆に比べると原発は一〇〇倍以上の放射性物質が出る」のです。

健康障害が出る可能性の高い事故だった事実

ここまでの考察で、今回の原発の事故はとてつもないものであったこと。被ばくによる健康障害は、ごく普通に考えると出る可能性が高いこと。さらには、原爆に比べて格段に多い放射性物質が出る原発の場合、少量の漏れでも、付近一〇〇キロメートルぐらいの地域が三〇年にわたって汚染されることが明らかになりました。

そしてその原因の第一が、「技術」や「運転」にあったのではなく、「制度」、「人災」であったことが明らかになりました。

また、このような大災害は、国家として考えなければならないことで、きわめて重要なことが浮かび上がります。その点で、事故が起こって「今、わたしにできること。」などというコピーが流れていますが、今回こそはごまかさないで真正面から事故と残留汚染について見つめたいと思います。

日本にはすでに五〇基を超える原子力発電所があります。柏崎刈羽原発も福島原発も震度6で破壊されたのですから、他の原発も地震で事故を起こして放射性物質が漏れることは確実です。

ですから、論理的には事故が起こったときに、

・周辺の風の向き等を計算して放射性物質がどちらのほうに流れるか
・住民をどのように避難させるか
・放射性物質はどのくらいのところに拡散するか
・汚染された地域を管理区域にするか
・フィルムバッジや健康診断をどうするか
・原子炉から放射性物質が飛散すれば最初は空気中の汚染が増大するが、それは次第に野菜などの表面につき、森林を汚染し、また海に出て海洋汚染をもたらすので、それをどうするか

などが問題です。

今回、福島原発が事故を起こして以来、ここに述べたようなことが次々と起こりました。そのたびごとに政府や保安院はあわてて対策を練るという状態でした。

　また、事故を起こす前に、もともと放射線の限度については法律で決めてあるのに、それは「普通のとき」だったので、法律で決まっている数値はいわないで、レントゲンとかCTスキャンなどを持ち出したのは、国民や市民を守るというのがもっとも大切な役割の政府、自治体としては失態でしょう。
　つまり、原発の事故の規模がわかれば、それにともなって、
　ただちに避難区域が決まり、
　気流の計算をし、
　放出される放射性物質の総量を推定し、
　標準的に冷却がうまくいった場合の推定、
　冷却が失敗したときの推定をし、
　どのように国民に周知し、
　処理をしていくか、
　ということは、いずれも事故に備えて、原発の建設のときに済ませておかなければならなかったのです。
　それがまったくなかったということを今回の事故が如実に示しました。

実はこのことは、第1章、第2章を通じて、この本で繰り返し述べていること……国民の健康という意味で、日本の原発の設計および運転の基本的なことがまったく決まっていなかったということ……を示しています。

さらに第3章に「残留放射線」が日本国土をすでに汚染してしまったこと、その回復には三〇年を必要とすることが事実として私たちに重くのしかかってきたのです。

繰り返して述べますが、現在の日本の原発は、電力会社が勝手に想定した「想定内」で安全であればよいというようになっていて、震度6で破壊されてもそれは「想定外」であると強弁できるようになっていましたし、今でも同じなのです。

実施者の電力会社の想定範囲の外なら原発は破壊されるのですから、論理的に「事故が起こる装置」なのです。したがって原発事故のときの対策を講じておかなければなりません。同じように、航空機は墜落しないようにしていますし、墜落の頻度はきわめて少ないのですが、それでも航空機に乗ると、毎回、不時着したときの脱出の仕方を全乗客に教育するという徹底ぶりです。

巨大技術を社会に定着させるには、硬直的な考え方では成功しないと考えられます。

著者が日本の原子力技術は大変、優れていて安全な運転ができるが、それでも原子力は危ない、その理由は「原発は人間が危険にしているから」といい続けているのはこのことなのです。

報道が繰り返された真の意味

最後に二、三の問題を整理しておきたいと思います。

政府は二万人を超す死者・行方不明者を出した東日本大震災の復旧に全力を注がなければならない二〇一一年三月の中旬に、福島原発事故のことで振り回されていました。

また、ＮＨＫも多くの時間を使って福島原発の状況を報道し続けたのです。

なぜ政府は、福島原発対策に振り回され、なぜＮＨＫは福島原発事故の放送を続けたのでしょうか？

それは「原発事故がとても大事」だからにほかなりません。

しかし、同時に政府もＮＨＫも「漏れた放射線は大したことはない」、「放射性物質で汚染された野菜や牛乳も健康に影響がない」、「原発は沈静化に向かっている」といったのです。「大変なことである」といいつつ、「何もしなくても安全だ」と説得しても不信感が募るばかりです。もしこの事故で風評というのが生じたのなら、政府やＮＨＫこそがその原因をつくったといえます。この例は、私たちは時として目の前で起こっていることの本質をなかなか見抜くことができないことを示しています。

最後に、原発はどのようにすべきだったか、今後は原発をどのように考えるべきかについて、付言したいと思います。

技術的には日本で予想される最大の地震や津波、その他の災害に耐える原発をつくることです。これはすでに技術的にできることで、今回の福島原発の事故は「できるのにわざとつくらなかった」と認識する必要があります。

また、原子力施設の立地、審査などが「政治」であることを完全に排除する必要があります。また、東大の教授が枢要な位置を全て占めている現状を変える必要があります。

さらには、「原発は住民のもの」ということに基本概念を変更することも必要です。今は東京に電気を供給する原発が福島や新潟にありますから、「付近住民はお客さんではない」という意識が強いので、今後は原発を東京の付近につくる必要があります。

今回の福島原発の事故は多くを「偏西風」という日本の風に救われたのですから、まさに神風だったのです。この幸運をよくよく考えたいと思います。

おわりに

本を書き上げて脱稿するときには、いつも書いたことの余韻が残っていて、それを文章にします。

しかしこの本だけは、そういう気分にはなれません。

私も長い間、原子力に携わってきました。それは、原子力こそが未来のエネルギーであり、日本の将来にとって必要なことだと確信をしていたからです。

しかし、今回の福島原発の事故は、原子力に携わってきた者にとっては、大きな衝撃でした。衝撃というよりも、これまで原子力が日本社会に貢献してきたことを全部覆すぐらい大きなことでした。

私が平成一八年（二〇〇六）に理解したことは「地震で倒れることがわかっている原発」をつくっているということです。そして、このような状態ではやがて原子力はダメになってしまうのではないかとの危惧が、今回の福島原発事故で本当になったことに唖然としたのです。

しかし原子力に携わってきた人たちはどのような思いでいるのでしょうか。

私はテレビに出てくるよく顔の知った人たちを見て、この事故の大きさをよく認識しておられないのではないかと思いました。

私たち（原子力関係者）は失敗したのです。

私たちの考えは間違っていたのです。

私たちが今まで正しいと思ってきたことは間違っていたのです。

そのもっとも大きな原因は、「私たちが考えた範囲で安全なら良い」という傲慢《ごうまん》な心、原発の付近にいる住民の健康を考えなかったということです。

日本の原子力技術は世界に誇るものであり、きわめて安全に運転できるのです。しかし技術が社会に貢献するためには、技術レベルだけではダメだということを今度の福島原発の事故は示しました。

辛いことですが、現場で頑張った人を褒めてはいけません。これまで原子力で重要な職にあった人をテレビに出してはいけません。

私たちは失敗したのですから。

もしかすると今度の事故は、原子力というものを日本人が利用してはいけないということをいっているかもしれません。

人間が想定する大きさの自然災害だけを守ることができ、それを超えるものは今回のような事故になるのですから、私たちは原子力を使うことができないことになります。ディーゼル発電機を遠くに置いておけばよかったという話ではないのです。

私が技術に人生をかけたのは、技術の力で日本に貢献したいということであり、日本人を苦しめようと思ったわけではありません。

しかし結果的には、多くの人を苦しめる結果になりました。

私たちは今後、どんなことがあっても「科学的に間違っていること」を許さない強い信念が求められるでしょう。

二〇一一年四月一日

武田邦彦

武田　邦彦（たけだ　くにひこ）
1943年東京生まれ。東京大学教養学部基礎学科卒。工学博士。卒業後、旭化成入社。同社ウラン濃縮研究所長、芝浦工業大学教授、名古屋大学大学院教授を経て現在中部大学教授。内閣府安全委員会専門委員などをつとめた。リサイクル一辺倒だった2000年に『「リサイクル」してはいけない』（青春出版社）を出版、ペットボトルのリサイクルがかえって環境を悪くすることを指摘し、大きな話題に。その後、出版された『環境問題はなぜウソがまかり通るのか』（洋泉社）、『偽善エコロジー』（幻冬舎）が立て続けにベストセラーになる。また『エコロジー幻想』（青春出版社）の一節は、高等学校の国語教科書『新編現代文』（第一学習社）に収録された。環境学者としてテレビ、雑誌などでも幅広く活躍している。

原発《げんぱつ》事《じ》故《こ》 残留《ざんりゅう》汚染《おせん》の危険性《きけんせい》

2011年４月30日　第１刷発行

著　　者　武田邦彦
発 行 者　市川裕一
発 行 所　朝日新聞出版
〒104－8011　東京都中央区築地5－3－2
電話　03－5541－8832（編集）
03－5540－7793（販売）

印刷製本　中央精版印刷株式会社

ISBN978-4-02-250873-7
定価はカバーに表示してあります

落丁・乱丁の場合は弊社業務部（電話03－5540－7800）へご連絡ください。
送料弊社負担にてお取り替えいたします。